Michael Guillen:

Brücken ins Unendliche

Die menschliche Seite der Mathematik

Aus dem Amerikanischen von
Rupprecht Schattner und Hans-Rainer Mannhaupt

Deutscher
Taschenbuch
Verlag

dtv

Ungekürzte Ausgabe
1. Auflage Januar 1987
2. Auflage August 1987: 9. bis 14. Tausend
Deutscher Taschenbuch Verlag GmbH & Co. KG,
München

Titel der amerikanischen Originalausgabe:
Bridges to Infinity. The Human Side of Mathematics
Jeremy P. Tarcher Inc., Los Angeles

ISBN 3-8131-8135-9
Umschlaggestaltung: Celestino Piatti
Umschlagabbildung: Gunther Engelbert, Hamburg
Gesamtherstellung: C. H. Beck'sche Buchdruckerei,
Nördlingen
Printed in Germany · ISBN 3-423-10698-0

Für meine Eltern

Inhalt

III Das Bestmögliche

Anmerkung

Unter den vielen Freunden und Kollegen, die auf die eine oder andere Weise zum Entstehen dieses Buchs beigetragen haben, möchte ich besonders Jane Livermore, Lars Wahlbin, Iain Johnstone, Richard Liboff, Warren Oates, Norma Bowles, Robin Raphaelian, Linda Greer French, Mary Nadler und Joyce Boorn danken.

Für Kritik und Lob im rechten Augenblick der gesamten Entstehungszeit und für die Anstrengungen, die sie zugunsten dieses Buches auf sich nahmen, danke ich meiner literarischen Agentin Sallie Gouverneur und meiner Lektorin Janice Gallagher.

Schließlich möchte ich ganz besonders und herzlich Laurel Lucas danken. Ihre liebevolle Fürsorge, ihr immer hilfreicher Kommentar und die übermenschliche Mühe während der Herstellung des Manuskripts haben es mir ermöglicht, ein besseres Buch zu schreiben, als es mir wahrscheinlich ohne diese Unterstützung gelungen wäre.

Einleitung
Angst vor Mathematik

> Der Mensch besteht aus Körper, Verstand und Vorstellungskraft. Sein Körper ist schwach, sein Verstand unzuverlässig, aber seine Vorstellungskraft hat ihn bemerkenswert gemacht. Für einige Jahrhunderte hat seine Vorstellungskraft äußerst liebenswerte Energien freigesetzt.
> (John Masefield, Shakespeare and Spiritual Life)

Fast alles, was mich dazu veranlaßt hat, dieses Buch zu schreiben, kann durch eine Begebenheit erläutert werden, die sich eines Tages im 18. Jahrhundert zugetragen haben soll. Der große Mathematiker Leonhard Euler hatte den bedeutenden französischen Philosophen und Atheisten Denis Diderot mit einem vorgeblichen Beweis der Existenz Gottes konfrontiert. Euler, so scheint es, hatte eine Einladung angenommen, um Diderot zu treffen, der damals als Gast am Hof des russischen Zaren weilte. Am Tag seiner Ankunft, so wird erzählt, trat Euler auf Diderot zu und rief aus: »Monsieur, $(a + b^n)/n = X$, donc Dieu existe; répondez!« (Mein Herr, $(a + b^n)/n = X$, deshalb existiert Gott; nun antworten Sie.) Zuvor hatte Diderot beredt und energisch wohlüberlegte philosophische Argumente für die Existenz Gottes widerlegt. In diesem Moment aber, als er die Bedeutung einer mathematischen Gleichung nicht erfassen konnte, blieb ihm nichts anderes übrig als zu schweigen.

Der tiefere Sinn dieser Begebenheit liegt darin, daß hier das Gespräch zwischen Mathematikern und Nichtmathematikern in unserer Gesellschaft auf exemplarische Weise erfaßt ist. Ein Gespräch im eigentlichen Sinn findet nicht statt. Ich möchte hier niemandem die Schuld zuweisen, für das Mißverstehen der Mathematik verantwortlich zu sein, sondern nur auf diesen Umstand aufmerksam machen. Das für Diderot ungewöhnliche Verstummen angesichts der Eulerschen Behauptung ist eine Reaktion auf die Mathematik, mit der sich die meisten Menschen identifizieren können. Diese Reaktion ist das primäre Symptom einer seit altersher bekannten Epidemie mit dem Namen: Angst vor Mathematik.

Angst vor Mathematik ist eine geradezu pathologische Scheu und Demut, die von der Mathematik in Millionen Menschen ausgelöst wird. Schon in der Vergangenheit zeigt sich bei den meisten Menschen diese Reaktion auf die Mathematik. Jedoch, obwohl sich das Leiden kaum verändert hat, die Konsequenzen, ihm zum Opfer zu fallen, haben sich dramatisch geändert.

Für Diderot bedeutete die Angst vor der Mathematik, daß er nicht fähig war, die vielfältigen und einzigartigen Ansätze einzuschätzen, mit denen die Mathematik in unsere weitgespannten menschlichen Interessen einschließlich unserer Fragen nach der Existenz Gottes eingreift. Viele dieser Ansätze werden in den folgenden Aufsätzen diskutiert.

Für einen Menschen heute, der in ähnlicher Weise gepeinigt wird, hat dies die gleichen Konsequenzen wie für Diderot. Aber darüber hinaus bleibt diesem Menschen ein genaueres Verständnis unserer komplexen technischen Welt verschlossen. Und ohne dieses Verständnis ist ein Mensch heute nur Zuschauer und nicht Teilnehmer.

Man muß den Wert, den Zahlen in unseren Beschreibungen der physischen und metaphysischen Realität haben, nicht überbetonen, und genauso darf man die durch die Angst vor der Mathematik ausgelöste Unfähigkeit, diese Beschreibungen zu begreifen, nicht unterschätzen. Galileo drückte einst die Bedeutung der Zahlen für die Naturwissenschaften in der Aussage aus, daß das »Buch der Natur« in der Sprache der Mathematik geschrieben sei. Die Kabbala des Judentums ist eines von vielen Beispielen für die große mystische Bedeutung, die den Zahlen von den meisten Religionen beigemessen wird.

Die Angst vor Mathematik wird, ähnlich wie die Altersschwäche, durch mehrere Symptome beschrieben; jedes davon ist das Ergebnis einer spezifischen Fehleinschätzung der Mathematik. Die wichtigsten, die im Euler-Diderot-Beispiel illustriert sind, sind jene Fehleinschätzungen, die von einem Leser dieses Buches, so hoffe ich, sofort erkannt werden können.

Zu allererst entsteht Angst vor Mathematik durch Unkenntnis über die Grenzen der Mathematik. Zweifellos war Diderot deshalb so sprachlos nach Eulers höchst erstaunlicher Behauptung, weil er sich nicht bewußt war, daß die Mathematiker seiner Zeit viel größere Probleme mit der Unendlichkeit hatten und weniger mit der Existenz Gottes. Der Aufsatz ›Jenseits der Unendlichkeit‹ erläutert, wie weit das 19. Jahrhundert schon fortgeschritten war, als der Deutsche Georg Cantor die mathematischen Mittel formulierte, mit denen die Natur der Unendlichkeit und das, was jenseits von ihr liegt, begriffen werden konnte.

Dies klingt nach einer eindrucksvollen Leistung, und das war sie tatsächlich; sie war auch eines der ersten Glieder in einer Kette von Ereignissen, die im ersten Aufsatz dieses Buches ›Ein gewisser Schatz‹ diskutiert werden. Diese Leistung führte die Mathematiker wieder zu den ihrem Gegenstand eigenen Unzulänglichkeiten zurück. Bis dahin glaubten Mathematiker an die unbegrenzte und untrügliche Fähigkeit der Mathematik, die Wahrheit logisch fassen zu können. Die aufgezeigten Unzulänglichkeiten haben letztendlich dazu beigetragen, die Menschlichkeit der Mathematik zu verdeutlichen, nicht nur indem ihre Fehlbarkeit erkannt wurde, sondern auch dadurch, daß die Ausdauer und der Optimismus, mit dem moderne Mathematiker diese Schranken zu überwinden versuchen, in den Blickpunkt treten.

Das Offenlegen dieser Unzulänglichkeiten trägt auch zu einer Einteilung der Geschichte der Mathematik in Perioden bei; entsprechend dieser Perioden ist das Buch in drei Teile gegliedert, die ich als ›Phantasien‹, ›Kompromisse‹ und ›Das Bestmögliche‹ bezeichne. Diese Perioden liegen in der Zeit vor, während und nach den Entdeckungen zwischen der Mitte des 19. und dem frühen 20. Jahrhundert. Mit Bezug auf diese Unterscheidung beschäftigt sich der Abschnitt ›Phantasien‹ mit den Gegenständen, die größtenteils zu einer Zeit bearbeitet wurden, in der Mathematiker noch an die Unfehlbarkeit der Mathematik glaubten. Der Abschnitt ›Kompromisse‹ umfaßt zwei Aufsätze, in denen die beiden Hauptereignisse diskutiert werden, die das Bild der Mathematiker von ihrem Gegenstand entscheidend veränderten. Der Abschnitt ›Das Bestmögliche‹ enthält Aufsätze über Themen, die hauptsächlich in unserem Jahrhundert formuliert wurden. Mathematiker waren und sind sich nun der Fehlbarkeit ihres Gegenstandes bewußt und versuchen, das Beste daraus zu machen. Ich lade Sie, den Leser, ein, das jeweilige gedankliche Bezugssystem der Mathematiker zu entdecken.

Mit der Unkenntnis über mathematische Erkenntnisgrenzen geht ein Mißverständnis darüber einher, was die Mathematik eigentlich ist. Dieses Mißverständnis trägt auch zur Angst vor Mathematik bei. Diderot hätte es in der Auseinandersetzung mit Euler leichter gehabt, wenn er gewußt hätte, daß die Mathematik keine Naturwissenschaft ist. Sie ist nicht in der Lage, die

Existenz von realen Dingen zu beweisen oder zu widerlegen. Tatsächlich ist sich jeder, der sich mit Mathematik beschäftigt, bewußt, daß seine Erfindungen nur logische und nicht reale Gebilde sind.

Damit soll nicht gesagt werden, daß mathematische Erfindungen nicht realen Dingen entsprechen. Sie tun dies in den meisten, möglicherweise gar in allen Fällen. Die Übereinstimmung zwischen mathematischen Ideen und der realen Wirklichkeit geht so weit und ist so gut belegt, daß sie einer Erklärung bedarf. Diese Übereinstimmung ist nicht das Ergebnis der Anstrengungen von Mathematikern, realistisch zu sein – ganz im Gegenteil, ihre Ideen sind häufig sehr abstrakt und scheinen zunächst keinerlei Entsprechung in der realen Welt zu haben. Am Ende jedoch werden mathematische Ideen häufig erfolgreich bei der Beschreibung von realen Phänomenen angewendet.

Die meisten Beobachter, die diese bemerkenswerte Verkettung der mathematischen und der realen Welt zu erklären versuchen, nehmen wie Galileo an, daß in ihr das mathematische Fundament der Natur deutlich wird. Weil die Mathematiker die Sprache der Natur, wie hier angenommen, sprechen, kann man von dieser Erklärung her erwarten, daß das, was sie üblicherweise ohne bestimmte Absicht sagen, etwas über die Realität mitteilt.

Um diese Übereinstimmung zu erklären, nehme ich an, daß die menschliche Vorstellungskraft buchstäblich als sechster Sinn zu verstehen ist. Diesem Erklärungsansatz entsprechend sind mathematische Ideen deshalb so häufig der Realität angemessen, weil sie einfach nicht bloß Erfindungen, sondern Beobachtungen sind. Ich glaube, daß wir die Realität in derselben Weise mit unserer Vorstellungskraft wie mit unseren anderen fünf Sinnen wahrnehmen. Die Übereinstimmung zwischen der realen Welt und den Wahrnehmungen durch diesen sechsten Sinn ist dieselbe Art von Übereinstimmung, die zwischen der Realität und den Wahrnehmungen über den Gesichtssinn, das Gehör, den Geschmacks-, Tast- und den Geruchssinn vorhanden ist.

Anders als Naturwissenschaftler, die die Natur mit allen fünf Sinnen beobachten, nehmen die Mathematiker die Natur fast ausschließlich mit dem Vorstellungssinn wahr. Das heißt, Mathematiker sind so ausgebildet und geübt in dieser sechsten Wahrnehmungsform wie Musiker mit Klängen, Feinschmecker mit Geschmacksrichtungen und Düften, Fotografen und Filmemacher mit Sehweisen. Dieser Vergleich legt auch den Schluß nahe, daß Mathematiker ebenso als Künstler anzusehen sind, wie

Musiker, Feinschmecker, Fotografen und Filmemacher in ihrem jeweiligen Bereich. Durch ihre einzigartigen Schöpfungen erfahren wir von ihnen etwas über die Realität, ohne daß diese Schöpfungen beabsichtigen oder gar die Fähigkeit haben, tatsächlich die Existenz eines Dings zu beweisen oder zu widerlegen.

Die letzte und schwerwiegendste Fehleinschätzung der Mathematik, die durch Diderots Reaktion auf den verborgenen Anspruch Eulers illustriert wird, ist in Wirklichkeit genauso häufig unter Mathematikern wie Nichtmathematikern verbreitet. Sie besteht darin, daß die Mathematik sich in der Regel nur in Symbolen ausdrückt. Durch diese falsche Vorstellung werden viele Mathematiker dazu veranlaßt, jede Anstrengung als wertlos abzulehnen, die mathematische Ergebnisse in der Alltagssprache zu erklären versucht. Nichtmathematiker reduzieren entsprechend ihre Erwartung, Mathematik verstehen zu können. In der Tat, es ist schon lange so weit, daß sie, die Nichtmathematiker, automatisch annehmen, überhaupt nichts von der Mathematik verstehen zu können.

Von allen Aspekten der Angst vor Mathematik, die ich beschrieben habe, könnte dieser dann leicht beseitigt werden, wenn die Mathematiker ihre Einstellung ändern würden. Leider teilen viele von ihnen die Vorurteile des englischen Mathematikers G. H. Hardy, der in diesem Jahrhundert lebte. In seinen Memoiren ›A Mathematicians Apology‹ vertrat Hardy die Ansicht, das erklärende Schreiben über Mathematik sei eine Aktivität für zweitklassige Geister. Menschen, die Mathematik betreiben, verachten seiner Meinung nach diejenigen, die Mathematik anderen verständlich machen wollen. Vermutlich sah er solche Bemühungen als törichte, von vornherein abzulehnende Zeitverschwendung an.

Trotz des Risikos, unter meinen Kollegen als zweitrangiger Geist zu gelten, habe ich dieses Buch geschrieben, weil ich derselben Meinung wie der hervorragende Mathematiker Bernhard Riemann bin, daß es nämlich möglich ist, den begrifflichen Gehalt der Mathematik auch einem nichtmathematischen Publikum zu vermitteln. Riemann sprach im Rahmen einer Probevorlesung für eine mögliche Berufung an die Göttinger Universtität über ein höchst fachliches Thema - die Grundlagen der Geometrie –, ohne dabei eine einzige Gleichung zu verwenden. Seine Vorlesung, bei der Gelehrte aus allen Fakultäten zugegen waren, hatte einen ungeheuren Erfolg.

Ich habe diese Aufsätze, mit dem Riemannschen Vorbild vor

Augen, in einfacher Sprache geschrieben, ohne dabei auf Gleichungen zurückzugreifen. Daraus darf nicht geschlossen werden, daß die Aufsätze in oberlehrerhafter Weise abgefaßt sind; das sind sie gewiß nicht. Sie sind so geschrieben, daß Diderot wie auch Riemann meine Bemühungen vielleicht gutgeheißen hätten, so bescheiden sie auch sein mögen.

Neben dem, was für die Überwindung der Angst vor Mathematik benötigt wird, werden die Aufsätze, so hoffe ich, etwas von jener Erregung vermitteln, die ich selber seit meiner ersten Beschäftigung mit der Mathematik in meiner Kindheit gefühlt habe. Mit diesem Buch will ich verständlich machen, daß die Vorstellungskraft des Mathematikers sich genauso fruchtbar auf Alltagsfragen wie auf Fragen der Arithmetik und Geometrie anwenden läßt. Wenn mir dies gelänge, wäre ich mit der Infragestellung einer weiteren Fehleinschätzung der Mathematik erfolgreich.

Diese besteht in dem Vorurteil, daß Mathematik von keimfreier Rationalität sei, und deshalb nur wenig oder gar nichts zu den für den Menschen charakteristischen irrationalen Handlungen und Meinungen zu sagen habe. Aldous Huxley drückt das in ›Views of Holland‹ so aus: »Wir haben gelernt, daß nichts einfach und rational ist, es sei denn, wir haben es selbst ersonnen, daß Gott weder in Begriffen Euklids noch Riemanns denkt ...« Die Erörterungen zum Beispiel in den Aufsätzen ›Zwischen Dame und Schach‹; ›Der Ruf der Wildnis‹; ›Abstrakte Symmetrie‹ und ›Alles andere als gesunder Menschenverstand‹ zeigen, daß ein Verständnis der Mathematik unsere Bemühungen in den verschiedensten Fachgebieten, die menschliche Natur und die menschliche Existenz zu begreifen, in unschätzbarer Weise unterstützen kann.

Huxley und jene, die mit ihm übereinstimmen, haben die Möglichkeit übersehen, daß Mathematiker nicht nur Ideen entwickeln, die zu der Vielfältigkeit des Lebens im Widerspruch stehen; sie könnten tatsächlich das Leben mit einem ganz besonders geschärften Sinn betrachten, der Dinge wahrnimmt, die den anderen Sinnen verschlossen bleiben. Dieses Sinnesorgan hatte Diderot, trotz all seiner Scharfsinnigkeit nie benutzt, obwohl er es hätte tun können. Denn diese Vorstellungskraft ist ein Sinnesorgan, das entwickelt und verfeinert werden kann; es erfordert keine besondere Intelligenz, sondern nur das Bedürfnis, den Wegen der Mathematik und der Mathematiker zu folgen.

I
Phantasien

Logik und Beweis
Ein gewisser Schatz

Der Beweis ist der Abgott, für den der Mathematiker sich quält.
(Sir Arthur Eddington)

Man wird nur selten jemanden treffen, der den Zweifel der Sicherheit vorzieht. Noch seltener ist der, der Gewißheit wirklich erlangt. Die Gewißheit ist wie ein vergrabener Schatz und wir, die wir diese Gewißheit so sehnlich herbeiwünschen, müssen noch eine Karte finden, die uns zu ihr hinführt. Um 300 v. Chr. glaubten die Mathematiker, daß sie diese Karte in den Prinzipien der Aristotelischen Logik gefunden hätten. Euklid folgte diesen Prinzipien und bewies die Lehrsätze der Geometrie (der Lehre von den Formen), die in den folgenden 2000 Jahren als Modelle der Gewißheit gepriesen wurden. Gegen Ende des 19. Jahrhunderts jedoch, als Mathematiker die Lehrsätze der Arithmetik in ähnlicher Weise zu beweisen versuchten, wurden sie anstatt zu einer Fundgrube der Gewißheit zu einer Grube von Widersprüchen geführt. Die Aristotelische Logik war nicht mehr makellos.

Diese Entdeckung teilte die Mathematiker in verschiedene Denkschulen, wobei jede dieser Gruppen den Anspruch erhob, die eine Karte zu besitzen, die alle Mathematiker wieder zu einem unfehlbaren Maßstab hinführen würde. Die Spaltung, die sich ergeben hatte, wurde 1931 von einer weiteren Enthüllung verdrängt.

Dieses Verdikt war mit einer derartigen Endgültigkeit verbunden, die einige Mathematiker völlig entmutigte, andere aber dazu inspirierte, dieses Edikt in irgendeiner Weise zu entkräften – bisher ohne Erfolg. Wie der restliche Teil der Menschheit, haben die Mathematiker gelernt, daß der Zweifel ein vertrauter Bestandteil jeder Arbeit ist. Jedoch wird dies von den Mathematikern nur widerwillig akzeptiert; sie haben noch immer nicht die Hoffnung auf das Wiedererlangen ihrer Gewißheit aufgegeben.

Die Welle der Gewißheit erreichte ihren Scheitelpunkt mit dem Erscheinen des ›Organon‹ – ein griechisches Wort mit der Bedeutung »Instrument (der Vernunft)« – von Aristoteles und den ›Elementen‹ von Euklid um das Jahr 300 v. Chr. Damals glaubte man, daß das ›Organon‹ den Weg zur logischen Gewißheit weise und die ›Elemente‹ die Unzweifelbarkeit selbst verkörperten.

Im ›Organon‹ reduzierte Aristoteles den bis dahin unvollständig definierten Vorgang des deduktiven Schließens auf vierzehn Vorschriften und einige wenige Regeln, mit denen Schlüsse folgerichtig aus Annahmen abgeleitet werden konnten. Zu den Regeln gehörte das Gesetz der Identität (Jedes ist mit sich selbst identisch), das Gesetz des Widerspruchs (Nichts kann sowohl da sein als auch nicht da sein) und das Gesetz vom ausgeschlossenen Dritten (Etwas ist entweder wahr oder falsch; es gibt daneben keine dritte Möglichkeit). Die Regeln sollten Wahrheiten ausdrücken, die von den meisten von uns als Teil des gesunden Menschenverstandes akzeptiert würden. Die Vorschriften dagegen waren das Ergebnis von Aristoteles' überaus sorgfältiger Untersuchung von Syllogismen.

Ein Syllogismus ist eine Übung im deduktiven Schlußfolgern, die in drei Stufen in der folgenden Form abläuft:

(wenn) *Alle Menschen sind sterblich*
(und wenn) *Sokrates ist ein Mensch*
(dann) *Sokrates ist sterblich*

Die ersten beiden Aussagen sind die Annahmen, und die dritte ist die Schlußfolgerung, die nach Aristoteles »mit Notwendigkeit« aus den Annahmen folgt. Wir können die Glaubwürdigkeit der Annahmen anzweifeln, erklärte Aristoteles, wenn aber die Regeln des schlußfolgernden Denkens angewendet worden sind, dann kann die Schlußfolgerung nicht mehr angezweifelt werden. Zum Beispiel könnte man die Annahmen

Alle glücklichen Menschen sind gutherzig

und

Wilhelm ist ein glücklicher Mensch

in Frage stellen. Aber es ist unstrittig, daß aus diesen Annahmen folgt:

Wilhelm ist gutherzig.

Genau dieses ist gemeint, wenn man von logischer Gewißheit spricht. Weil jede Regel in der Form eines archetypischen Syllogismus ausgedrückt war, wurden Aristoteles' Regeln der Logik als Führer zur Gewißheit aufgefaßt. (Später fügten Logiker des Mittelalters den ursprünglich vierzehn fünf neue Regeln hinzu.)

In seinem Opus magnum, den ›Elementen‹ folgte Euklid den Prinzipien des deduktiven Schlußfolgerns bei der Ableitung Hunderter von Lehrsätzen der Geometrie aus nur zehn Voraussetzungen. Die Voraussetzungen waren eine Mischung aus Alltagswissen (Dinge, die einem dritten gleich sind, sind auch untereinander gleich) und einleuchtenden Annahmen über mathematische Punkte, Geraden und Ebenen (Eine Gerade kann von jedem Punkt zu irgendeinem anderen Punkt gezogen werden). Mathematiker konnten einige von Euklids Voraussetzungen in Frage stellen und taten dies auch. Aber, wie Aristoteles gezeigt hatte, es gab keine Zweifel an den Schlußfolgerungen. Euklids Lehrsätze waren alle in der Form wenn ... dann ... entsprechend den Regeln der Logik ausgedrückt. Wenn jemand an die Unfehlbarkeit von Aristoteles' Regeln glaubte, war er gezwungen zu glauben, daß Euklids Lehrsätze Muster der logischen Gewißheit waren, was immer er über die Voraussetzungen dachte.

Noch mehr als 2000 Jahre nach dem Erscheinen des ›Organon‹ und der ›Elemente‹ glaubten nicht nur Mathematiker, sondern auch Philosophen, Naturwissenschaftler und Literaten, daß sie in Aristoteles' Logik und dem deduktiven Schlußfolgern ein Mittel hätten, in einem großen Gegenstandsbereich Gewißheit zu erlangen. Während des 13. Jahrhunderts zum Beispiel benutzte der italienische Scholastiker Thomas von Aquin das Aristotelische Schlußfolgern, um die Wahrhaftigkeit von Glaubensgegenständen einschließlich der Existenz Gottes zu bestätigen. Der Thomismus, wie diese Synthese von Aristotelischer Logik und christlicher Glaubenslehre genannt wurde, war so einflußreich, daß Papst Leo 1879 ihn in einer Enzyklika zur offiziellen Philosophie der Römisch-Katholischen Kirche machte.

In diesem Zusammenhang war es nur ein weiteres begeistertes Glaubensbekenntnis an die Unfehlbarkeit des deduktiven Schlußfolgerns, als eine große Anzahl von Mathematikern im späten 19. Jahrhundert sich mit einem Programm zur logischen Begründung der Arithmetik beschäftigte, um dasselbe für die Arithmetik zu leisten, was Euklid für die Geometrie getan hatte. Die allgemeine Vorstellung bestand darin, den Mischmasch von arithmetischen Ergebnissen, der sich im Laufe der Jahrhunderte angesammelt hatte, in ein neu formuliertes logisches Format zu bringen. Mathematiker hatten bis dahin viele von diesen Ergebnissen akzeptiert, ohne sie zu beweisen, weil diese Ergebnisse meistens eine Frage des gesunden Menschenverstands zu sein schienen. Zum Beispiel hatte niemand ernsthaft daran gedacht, das Gesetz der Trichotomie in Frage zu stellen, das besagt, daß jede normale Zahl entweder gleich Null, positiv oder negativ ist. Das Gesetz war so unstreitig wie die Aussage, daß jeder Zeitpunkt entweder ein Teil der Gegenwart, der Vergangenheit oder der Zukunft ist, weshalb niemand sich vorstellen konnte, daß das Gesetz falsch sein könnte.

Wie es sich ergab, ist es nicht falsch. Aber vor hundert Jahren waren Mathematiker noch nicht in der Lage, dies und viele andere arithmetische Gesetze zu beweisen. Nur war die lang geübte Lässigkeit durch den Eifer ersetzt, logische Gewißheit auch im Bereich der Arithmetik zu erlangen. Die Mathematiker gingen davon aus, daß es nur eine kurze Suche erforderte und eine Formsache war, der Landkarte zu folgen, die auch Euklid benutzt hatte. Tatsächlich war dies der Beginn einer vergeblichen Jagd nach einem Schatz, den es nicht gab.

Obwohl mehrere Mathematiker die Meute während der Suche anführten, war der deutsche Mathematiker Gottlob Frege einer der ersten, der das Ende der Suche verkündete. Er hatte von 1893 bis 1902 daran gearbeitet, Hunderte von Lehrsätzen der Arithmetik aus nur wenigen Voraussetzungen abzuleiten, und das greifbare Ergebnis lag in Form einer monumentalen zweibändigen Abhandlung mit dem Titel ›Grundgesetze der Arithmetik‹ vor. Seine Voraussetzungen konnte man in Frage stellen wie die Euklids. Aber seine Schlußfolgerungen waren gemäß Prinzipien des deduktiven Schließens gezogen, die denen von Aristoteles entsprachen, auch wenn sie nicht mit ihnen identisch waren. Er und seine Zeitgenossen hatten daher allen Grund zu glauben, daß seine Grundgesetze nicht weniger ein Modell der Gewißheit waren wie die ›Elemente‹.

Sie hatten bis 1902 keinerlei Grund, etwas anderes zu glauben; in diesem Jahr führte Frege die letzten glättenden Arbeiten an seinem Werk durch. Im gleichen Jahr teilte der englische Philosoph und Mathematiker Bertrand Russell mit, daß er einen Widerspruch, einen logischen Fehler im endgültigen Manuskript des zweiten Bandes von Frege entdeckt hätte. Der Widerspruch wäre nicht bloß auf einen oberflächlichen und leicht zu behebenden Fehler von Frege zurückzuführen, erklärte Russell; es wäre vielmehr eine Art Defekt in der deduktiven Logik selbst. Niemand konnte damals wohl einschätzen, wie ernst der Fehler oder was erforderlich war, um ihn zu beseitigen. Aber er war ernst genug für Frege, der erkannte, daß davon seine ganze zehnjährige Anstrengung betroffen war. In einem Postskriptum zu seinem zweiten Band schrieb Frege ziemlich niedergeschlagen: »Einem Wissenschaftler kann kaum etwas Unerwünschteres begegnen als der Verlust der Fundamente seiner Arbeit, wenn diese gerade beendet ist. In diese Lage war ich durch einen Brief von Mr. Bertrand Russell versetzt, als der Druck des Werks fast beendet war.«

Russell untersuchte die anscheinend geglückt gewählte Idee der Klasse und der Klassenmitgliedschaft, die Frege in seinen ›Grundgesetzen der Arithmetik‹ eingeführt hatte, um Mengen von Zahlen zu beschreiben. Gemäß der Aristotelischen Logik bezeichnet eine Klasse eine Gruppe von Objekten – Automobile, Vögel oder Zahlen zum Beispiel –, die durch bestimmte qualitative Ähnlichkeiten miteinander verbunden sind. Umgekehrt wird eine Klasse durch diese qualitativen Ähnlichkeiten zwischen ihren Mitgliedern definiert, gerade so wie Nachbarschaft von den Menschen zu unterscheiden ist, die diese bilden. Ein Kandidat für die Mitgliedschaft in einer bestimmten Klasse muß genau die qualitativen Ähnlichkeiten wie die vorhandenen Mitglieder aufweisen, auch wenn er sonst unvereinbare Eigenschaften mitbringt.

Andere Mathematiker ließen damals diese Überlegungen einfach gelten, Russell jedoch prüfte sie: »Ich hatte den Eindruck«, erinnerte er sich Jahre später in ›My Philosophical Development‹ * »daß eine Klasse manchmal ein Mitglied von sich selbst und dies manchmal nicht ist. Die Klasse der Teelöffel, zum Beispiel, ist nicht ein weiterer Teelöffel, aber die Klasse von Dingen, die keine Teelöffel sind, ist eine von den Dingen, die keine Teelöffel sind.«

Die meisten Klassen, die wir uns vorstellen können, sind von der Art der Teelöffel. Bei den Klassen von Schuhen, Häusern, Bleistiften ist keine zugleich Mitglied von sich selbst. Doch es gibt einige wenige gute Beispiele von Klassen, die sich selbst als Mitglied enthalten. Zum Beispiel ist die Menge von allen Dingen, die auf dieser Seite gedruckt sind, ebenfalls auf dieser Seite gedruckt, und die Menge von allen Vorstellungen ist selbst eine Vorstellung. In jedem Fall kommt der Klasse selbst die Mitgliedschaft zu, weil sie als einzelne Größe betrachtet die qualitativen Ähnlichkeiten mit den anderen Mitgliedern teilt.

* Deutsch: Philosophie. Die Entwicklung meines Denkens. München 1973.

Russell erinnerte sich weiter, daß er als nächstes über die unvorstellbar große Klasse nachdachte, die alle Klassen enthielt, welche sich nicht selbst als Mitglied enthalten. »Nennen wir sie die NS-Klasse, für nicht selbst.« Die NS-Klasse schließt alle vertrauten Klassen (die Klassen von Schuhen, Teelöffel usw.) ein. Dann schrieb er: »Ich fragte mich, ob diese (NS)Klasse sich selbst als Mitglied enthält oder nicht.«

Bei dem Versuch, diese Frage zu beantworten, entdeckte Russell den Widerspruch. Wenn wir annehmen, daß NS ein Mitglied von NS ist, überlegte er, dann nehmen wir an, daß NS sich selbst als Mitglied enthält. Aber gemäß der ursprünglichen Definition von NS (durch die Definition festgelegt enthält NS nur solche Klassen, die sich nicht als Mitglied enthalten) kann NS auf Grund der Annahme nicht Mitglied von NS sein. Wenn wir im Gegensatz dazu annehmen, daß NS nicht Mitglied von NS ist, nehmen wir an, daß NS nicht Mitglied von sich selbst ist. Entsprechend der ursprünglichen Definition von NS hat diese Annahme zur Folge, daß NS Mitglied von NS sein muß. »Auf diese Weise führt jede Alternative zu ihrem (logischen) Gegensatz«, schrieb Russell. »Damit war die logische Hochzeitsreise, die ich bis dahin genossen hatte, beendet.«

Mit Russells Paradoxon wird die Tatsache illustriert, daß die Anwendung der Regeln der Logik uns zu widersprüchlichen Ergebnissen führen kann. Eine unmittelbare Folge dieses Umstandes war die Notwendigkeit, die Aristotelische Logik auf irgendeine Weise so wiederherzustellen, daß der anstoßerregende Widerspruch beseitigt war, oder sie durch ein vollständig neues Mittel zu ersetzen, mit dem Gewißheit in der Mathematik wiedererlangt werden konnte. Während der ersten drei Jahrzehnte dieses Jahrhunderts waren die Mathematiker uneins darüber, wie dies erreicht werden konnte (und wußten dabei nicht, daß eine unerwartete Entdeckung alle ihre Differenzen in dieser Streitfrage überflüssig machen würde). Von den vielen Denkschulen, die in diesen dreißig Jahren hervortraten, beschäftigten zwei sich mit dem Ziel, die Aristotelische Logik zu reparieren. Die Schulen der Logiker und der Formalisten setzten sich für Forschungsunternehmen ein, die die Mathematik zu jener Zeit beherrschten.

Die Logiker, von Russell selbst angeführt, wollten das Russellsche Paradoxon dadurch beseitigen, daß sie den Versuch machten, die Regeln für die Klassenmitgliedschaft zu ändern. Konkret wollten sie von vorne herein verbieten, daß eine Klasse sich selbst als Mitglied enthalten kann. Um dieses zu erreichen, schlugen sie vor, die Prinzipien der Aristotelischen Logik durch etwas zu ergänzen, das sie das »Teufelskreis-Prinzip« nannten. Es besagt, daß das, was immer eine Menge umfaßt, nicht Teil dieser Menge sein darf. Durch das Geltendmachen dieses Prinzips konnte die Frage, ob die Russellsche NS-Klasse sich nun selbst als Mitglied enthält oder nicht, durch Erlaß geregelt werden, und der Zirkelschluß im Russellschen Paradoxon wäre vermieden.

Im Gegensatz zu den Logikern glaubten die Formalisten, daß die Mängel, die durch den Widerspruch aufgedeckt wurden, nicht in der Logik selbst, sondern im Bedeutungsgehalt der Sprache zu suchen wären, in der die Logik formuliert wird. Sie führten das Entstehen vieler Widersprüche, den Russellschen eingeschlossen, vor allem auf die Mehrdeutigkeit des Wortes »alle« zurück. Aussagen wie »Zu allen Regeln gibt es Ausnahmen« sind entweder unschädlich oder widersprüchlich, abhängig davon, wie wir das Wort »alle« verstehen. Es kann die Aussage, in der es benutzt wird, ein- oder ausschließen. Die Formalisten betonten, daß Unsicherheiten wie diese eher semantischer als logischer Natur sind und beseitigt werden können, indem die semantische Färbung der Logik ausgebleicht wird. Deshalb begannen sie damit, die logischen Argumente in der Mathematik mit streng definierten Symbolen auszudrücken, die keine reale Bedeutung trugen.

Jede Richtung, die von diesen und anderen Schulen vorgeschlagen wurde, versprach, die Mathematiker wieder zum Schatz der Gewißheit zurückzuführen. Bis 1931 verfolgte jede Fraktion hoffnungsvoll den von ihr eingeschlagenen Weg. In jenem Jahr jedoch wurden alle Mathematiker durch ein Ereignis gestoppt. Der deutsche Logiker Kurt Gödel verkündete seine Entdeckung, daß vollständige Gewißheit in der Mathematik nicht mehr zu erreichen ist, welchen Weg der traditionellen Logik man auch einschlüge. Dieser Beweis war insofern ironisch, als Gödel die Logik in schlauer Weise für den Beleg ihrer eigenen Mängel eingesetzt hatte.

Der Kern seines Ergebnisses war die Aussage, daß ein aus den Prinzipien des deduktiven Schlußfolgerns abgeleitetes Beweisschema nicht zur Wahrheitsfeststellung von allen überhaupt vorstellbaren mathematischen Lehrsätzen herangezogen werden kann, so wie die Aristotelische Logik nicht geeignet war, das Russellsche Paradoxon aufzulösen. Kurzgefaßt, es wird immer Fragen in der Mathematik geben, die nicht mit logischer Gewißheit zu beantworten sind. Darüber hinaus fand Gödel heraus, daß jeder unvorstellbare Versuch der Abhilfe für ein unangemessenes Schema in gleicher Weise sich als unangemessen herausstellen wird. Dies besagt, daß die von den Logikern und Formalisten vorgeschlagenen Lösungen von vorne herein fehlschlagen mußten.

Gödels Resultate regten die Erfindung von nichtaristotelischen logischen Systemen an, die vorsahen, daß eine Aussage noch etwas anderes als wahr oder falsch sein kann. Das einfachste von diesen ist eine sogenannte trivalente Logik, in der eine Aussage entweder wahr, falsch oder nur möglich ist. Eine solche Logik ist durch die Nichtbeachtung des Aristotelischen Satzes vom ausgeschlossenen Dritten (Etwas ist entweder wahr oder falsch; es gibt keine dritte Möglichkeit) begründet. Weil diese Logik die Möglichkeit zuläßt, daß ein Lehrsatz logisch ungewiß sein kann, ist sie mit dem Gödelschen Befund vereinbar.

Aus diesem Grund, aber auch, weil nichtaristotelische logische Systeme mathematisch interessante Gegenstände sind, verbringen heute einige Mathematiker ihre gesamte Zeit mit der Untersuchung und Entwicklung solcher Systeme. Anstrengungen anderer Mathematiker zielen mehr auf die Anpassung und nicht die Beseitigung der Gödelschen Ungewißheit ab. Diese Tendenz steht in deutlichem Gegensatz zu den früheren Kämpfen, die mathematische Gewißheit nach dem Angriff durch das Russellsche Paradoxon wiederzugewinnen.

Als Nachwirkung der revolutionären Gödelschen Ergebnisse resignierten die meisten Mathematiker und glaubten nicht mehr an die Mathematik als eine Bastion der Gewißheit. Einer von ihnen war der kürzlich verstorbene ungarische Mathematiker und Philosoph Imre Lakatos, der 1963 eine an die Gödelschen Ungewißheiten angepaßte Philosophie der Mathematik vorstellte. Lakatos stellte die Mathematik in ähnlicher Weise dar, wie es sein Lehrer Karl Popper für die Naturwissenschaften getan hatte. Die Mathematik hat immer nur einen vorläufigen Status und kann jederzeit durch neue Entdeckungen, auch drastisch, verändert werden. Lakatos schrieb: »Die Mathematik wächst nicht durch eine monotone Zunahme der Zahl unzweifelbar bewiesener Lehrsätze, sondern durch die unaufhörliche Verbesserung von Vermutungen über Spekulation und Kritik.«

Der Mathematiker und Historiker Morris Kline sprach 1981

denselben Punkt in seinem Buch ›Mathematics: The Loss of Certainty‹ an. Er verglich den Mathematiker mit einem Siedler, »der eine Lichtung rodet, aber weiß, daß im sie umgebenden Wald wilde Tiere auf der Lauer liegen«. Um sein Gefühl der Sicherheit zu erhöhen, vergrößert der Siedler die Lichtung mehr und mehr; aber er kann sich niemals absolut sicher fühlen. »Die wilden Tiere sind immer da, und eines Tages, in einem überraschenden Augenblick, können sie ihn zugrunde richten.« In vergleichbarer Weise, schrieb Kline, benutzt der Mathematiker die Logik, um eine Wildnis mathematischer Unwissenheit zu beseitigen. Aber er muß immer damit rechnen, daß logische Unzulänglichkeiten entdeckt werden, die wie wilde Tiere seine Hoffnung auf vollständige Sicherheit vor dem Zweifel zunichte machen.

Die Mathematik heute ist im Gegensatz dazu nicht auf eine volle Anpassung an die Gödelsche Ungewißheit eingestimmt. Vielleicht liegt dies daran, daß Mathematiker sich so unbehaglich in der Gegenwart von Ungewißheit fühlen und deshalb ihrem Tagesgeschäft nachgehen, als wäre in diesem Jahrhundert nichts passiert. Es liegt vielleicht auch daran, wie Kline vermutet, »daß sie es sich kaum vorstellen können, daß es ernsthafte Zweifel ... an ihrer mathematischen Arbeit geben könnte« – jeder Mathematiker verhält sich so, als ob die Gödelsche Ungewißheit etwas ist, was die anderen betrifft, aber nicht ihn selbst.

Aus welchen Gründen auch immer, Mathematiker »schreiben und veröffentlichen (heute), als wären die Unsicherheiten nicht existent«, sagt Kline. In der Praxis, wenn nicht gar grundsätzlich, halten sie die vorgödelsche Überzeugung aufrecht, daß, wie es der deutsche Formalist David Hilbert ausdrückte, »jedes klare mathematische Problem einer exakten Lösung zugänglich sein muß, entweder in einer tatsächlichen Antwort auf die gestellte Frage, oder durch den Beweis, daß es nicht gelöst werden kann«.

Dieses Festhalten an einer bewiesenermaßen falschen Überzeugung ist die menschliche Seite der Mathematik. Es stimmt nicht mit dem populären Bild von Mathematikern überein, aber es ist völlig konsistent mit der menschlichen Natur. Heutige Mathematiker sind in ihrem Verhalten, als existiere die Gewißheit oder könne sie hergestellt werden, den vielen Erfindern nicht unähnlich, die trotz aller Einwände an die Machbarkeit eines Perpetuum mobile glauben. Ihre Überzeugung war und ist der Motor des menschlichen Fortschritts, der eine Generation dazu veranlaßt, das mögliche zu beweisen, was von der vorherigen als unmöglich bewiesen war. Für Mathematiker wie für andere »ist diese Überzeugung ein mächtiger Anreiz«, schrieb Hilbert im Jahr 1900. »Wir hören in uns den fortwährenden Ruf: Da ist das Problem. Suche eine Lösung. Du kannst sie durch reines Nachdenken finden, denn in der Mathematik gibt es kein ›das wissen wir nicht‹.«

Ein ernüchterter Russell beklagte 1959: »Ich wollte Gewißheit, so, wie Menschen religiösen Glauben wollen. Ich dachte, daß die Gewißheit in der Mathematik wahrscheinlicher als irgendwo sonst zu finden sei ... Aber nach einigen zwanzig Jahren voller anstrengender Plage kam ich zu dem Schluß, daß es nichts mehr gab, was ich hätte tun können, um mathematisches Wissen unbezweifelbar zu machen.«

Zweifellos gibt es Mathematiker, und wird es noch viele Mathematiker geben, die wie Russell Jahrzehnte ihres Lebens in die Suche nach dem Schatz der Gewißheit investieren. Solange, wie dies der Fall sein wird, wird es immer die Möglichkeit geben, daß einer von ihnen den Schatz finden wird, was seinen Vorgängern nicht gelang: einen unfehlbaren Maßstab.

Grenze und Infinitesimalrechnung
Den Fluchtpunkt finden

> Der Wille ist menschlich,
> und die Ausführung beschränkt.
> Der Wunsch ist ohne Grenzen,
> und die Tat ist eingezwängt.
> (William Shakespeare, Troilus and Cressida)

Wir sind eine außergewöhnlich rastlose Art, die, angetrieben durch eine gewisse angeborene Tendenz, sich ständig selbst übertreffen möchte. Vielleicht ist das nur ein Ausdruck der universellen Tendenz, die Darwin so beschrieb: »Da die natürliche Selektion zum Wohl jedes Wesens tätig ist, werden alle körperlichen und geistigen Umgebungen zur Perfektion streben.« Vielleicht ist es auch, wie der französische Philosoph J. B. Robinet es ausdrückte, eine Neigung, die nur dem menschlichen Geist zukommt, deren »alleinige Bestimmung es ist, die Vorstellung zur Erfindung und Vervollkommnung einzusetzen«. Wie auch immer, es scheint sicher zu sein, daß das, was wir anstreben – meinetwegen Perfektion – ein unerreichbares Ziel ist. Zumindest ist es nicht wahrscheinlich, daß wir eines Tages die Vollkommenheit erreichen – wenn wir es tatsächlich könnten und sie erkennen könnten – und uns nicht länger anstrengen. Perfektion ist in unserer Psychologie vielmehr das, was in der Malerei der Fluchtpunkt ist: ein gedachter Punkt in der Unendlichkeit, auf den alle wesentlichen Richtungen ausgerichtet sind. Ganz besonders entspricht er dem asymptotischen Grenzwert des Mathematikers: Ein Ideal, das man mit Namen bezeichnen und dem man sich fortwährend nähern kann, ohne es jemals verwirklichen zu können.

In der Mathematik ist die asymptotische Grenze ein wichtiger Begriff. Sie ist ein Begriff, den ich noch immer für unwahrscheinlich halte, obwohl ich mich schon viele Jahre mit ihm beschäftige. Die Schwierigkeiten, die ich mit ihm habe, sollten mich eigentlich nicht überraschen, weil die Idee einer asymptotischen Grenze unentwirrbar mit einem anderen hartnäckigen Rätsel verwoben ist – dem Unendlichen.

Dies wird in der Geometrie besonders deutlich, in der der Begriff der asymptotischen Grenze durch eine unendlich lange, begrenzende Gerade dargestellt wird, die Asymptote. Eine andere Linie kann sich einer Asymptote beliebig eng annähern. Durch die Definition ist es festgelegt, daß sie sich nicht treffen, wie ein Flugzeug, das sich der Landebahn nähert, ohne diese jemals zu berühren. Ich könnte mir es vorstellen, daß eine solche Linie endlich die Lücke zwischen sich und der Asymptote schließt, aber dies ist nicht der Fall. Wenn die Linie und die Asymptote konvergieren, wird die Distanz zwischen ihnen kontinuierlich halbiert. Aber es wird kein Punkt erreicht, an dem die verbleibende Hälfte vollständig verschwindet.

Das ist genau das, was ich an asymptotischen Grenzen so unwahrscheinlich finde. Wenn sie von Mathematikern erörtert werden, können diese uns buchstäblich sagen, wie sich einige Dinge im Unendlichen verhalten. Zugegebenermaßen ist dies bei einigen Beispielen kein Kunststück; die asymptotischen Grenzen können bei einigen Dingen leicht erraten werden. Stellen Sie sich zum Beispiel eine vielseitige Figur, ein Polygon, vor, die in einen Kreis eingepaßt ist. Als nächstes vergrößern Sie systematisch die Zahl der Seiten des Polygons. Obwohl dieses Vorgehen unbegrenzt ist, nehme ich an, daß es bald offensichtlich ist – das Polygon wird irgendwann ein Kreis werden, seine asymptotische Grenze. In ähnlicher Weise ist es wohl klar, daß die asymptotische Grenze der Zahlenfolge 0,9 0,99, 0,999, 0,9999 usw. einfach die Zahl 1 ist. Sie ist tatsächlich niemals gleich 1, aber sie wird zu einer Zahl, die immer näher und näher und näher an die 1 herankommt.

Das Verhalten im Unendlichen ist dagegen bei den meisten Beispielen nicht so offensichtlich, doch sogar in diesen Fällen haben Mathematiker Wege entdeckt, die asymptotische Grenze wirklich zu bestimmen. Fast alle diese Methoden beruhen auf der Fähigkeit, eine unendliche Folge von Zahlen aufsummieren zu können – dies scheint unmöglich zu sein, doch sind in den letzten dreihundert Jahren die Mathematiker darin recht geschickt geworden. Mit dieser Fertigkeit wissen sie zum Beispiel, daß 1 plus ½ plus ¼ plus ⅛ plus 1/16 plus 1/32 und so unendlich weiter sich schließlich zu 2 aufsummiert – nicht ungefähr 2, nein, genau 2.

Diese Fertigkeit ist sehr praktisch für die Vorhersage von asymptotischen Grenzen, da diese durch Festlegung das Ergebnis von unendlichen Reihen sind. Stellen Sie sich zum Beispiel ein dreiseitiges Polygon vor, ein Dreieck, das in einen Kreis mit dem Durchmesser von 2,5 cm eingepaßt ist. Als nächstes passen Sie einen Kreis in dieses Polygon ein und dann ein vierseitiges

Polygon in diesen Kreis und so fort. Stellen Sie sich vor, daß Sie diesen Vorgang unbegrenzt fortsetzen, immer in einen eingepaßten Kreis ein Polygon einfügen, das eine Seite mehr als das vorherige hat. Natürlich werden die eingefügten Figuren immer kleiner, wenn Sie so fortfahren.

Sie könnten vermuten, daß die Grenze dieses endlosen Vorgangs ein Punkt genau im Mittelpunkt all dieser Kreise und Polygone ist, aber das ist nicht so. Erinnern Sie sich, die mehr und mehr facettierten Polygone werden selbst mehr und mehr zu Kreisen, was bedeutet, daß der Schachtelungsvorgang an irgendeinem Punkt dazu übergeht, Kreise auf Kreise zu legen. Genauer gesagt, von einem Punkt an gibt es einen verschwindenden Unterschied zwischen den Formen und den Größen der Kreise und Polygone. Das Resultat hiervon ist, daß die endlose Schachtelung von Figuren auf einen kleinen Kreis, konzentrisch zum Ausgangskreis, zuläuft. Mit ihrer Fertigkeit, unendliche Folgen zu behandeln, können Mathematiker sogar die Größe dieses begrenzenden Kreises angeben – das gleichsam nicht herstellbare Ideal –, mit einem Durchmesser von ungefähr 0,21 cm. Wir könnten mit einer vergleichbaren Fertigkeit genau erahnen, welchem Zustand der Vollkommenheit (oder Unvollkommenheit) die Menschheit sich ständig nähert oder welche Rekordzeit für das Meilenrennen angestrebt, aber in Wirklichkeit nie erreicht wird.

Die Fähigkeit der Mathematiker, mit asymptotischen Grenzen umgehen zu können, hat sich am stärksten in Form einer außerordentlichen Theorie ausgezahlt, die, Diefferentialrechnung genannt, von Isaac Newton und Gottfried Wilhelm Leibniz im 17. Jahrhundert entwickelt wurde. Diese Theorie ist für die Beschreibung stetiger Änderungen von fast beliebigen Größen nützlich, wenn vollkommene Genauigkeit erforderlich ist. »Vollkommene Genauigkeit« meint, daß die Differentialrechnung jeden Moment einer Änderung in einem dynamischen Prozeß erfassen kann. Wissenschaftler der amerikanischen Weltraumbehörde NASA benutzen sie, um den Weg eines Satelliten zum Saturn von einem Augenblick zum nächsten zu berechnen, und Wirtschaftswissenschaftler benutzen sie, um die Veränderung von Marktentwicklungen von Augenblick zu Augenblick zu überwachen.

Vor dem 17. Jahrhundert mußten sich Mathematiker und Naturwissenschaftler damit zufriedengeben, Änderungen von Größen über meßbare Zeitintervalle zu mitteln. Solche Beschreibungen sind typischerweise vom Ideal der Beschreibung weit entfernt. Angenommen, Sie möchten beispielsweise die jährliche Verteilung des Niederschlags in der feuchtesten Gegend der Vereinigten Staaten, Mt. Waialeale in Kauai, Hawaii, bestimmen. Aus Ihrem Almanach geht hervor, daß dort im Durchschnitt 1218 mm Regen in einem Jahr niedergehen. Der jährliche Durchschnitt allein sagt Ihnen nichts über die tatsächliche Verteilung des Niederschlags mit all seinen kurzfristigen und langfristigen Schwankungen. Sie wüßten gewiß mehr über diese Verteilung, wenn Sie in Erfahrung brächten, wieviel Regen von einem Tag zum nächsten niedergeht, oder noch besser, von einer Stunde, einer Minute, oder einer Sekunde auf die nächste. Im Idealfall wüßten Sie alles über die Verteilung des Niederschlags am Mt. Waialeale, wenn Sie feststellen könnten, wieviel es von einem Augenblick zum nächsten regnet. Die Differentialrechnung könnte Ihnen genau die erforderlichen Methoden zur Verfügung stellen.

Der Erfindung der Differentialrechnung liegt die Erkenntnis zugrunde, daß eine unmittelbare Änderung die asymptotische Grenze von Mittelwerten ist, bei denen das benutzte Zeitintervall für die Berechnung systematisch verkleinert wird. Dieses Konzept hatten die Mathematiker lange vor der Fähigkeit entwickelt, eine solche asymptotische Grenze zu berechnen. Zum Beispiel konnten sie den Stundenlohn eines Arbeiters berechnen; sie brauchten nur den Wochenlohn durch die Arbeitsstunden einer Woche zu teilen. Um eine Entlohnung für eine Minute zu berechnen, hätten sie den Wochenlohn durch die Arbeitsminuten einer Woche zu teilen; sie hätten dies endlos fortsetzen können und damit eine Folge von Durchschnitten mit immer kleineren Zeitintervallen erzeugt. Aber sie wußten nicht, wie man die asymptotische Grenze einer solchen Folge wirklich berechnet. Mit dem gesunden Menschenverstand würde man die Grenze der Folge als Ergebnis der Division des Wochenlohns durch eine Zahl von unendlich kleinen Zeiteinheiten der Wochenarbeitszeit bestimmen. Aber diese Zahl ist unendlich groß, und eine Summe geteilt durch unendlich ist gleich null, ein Ergebnis ohne Sinn. Hieraus folgt, daß ein Arbeitnehmer, der fünfhundert Mark in der Woche verdient, dies tut, indem er in jedem Augenblick seiner Tätigkeit nichts verdient.

Ohne ein völliges Verständnis der unendlichen Folgen hatten Mathematiker vor der Differentialrechnung so wenig eine Chance, diesen Widerspruch aufzulösen, wie ein Nichtmathematiker, der die richtige asymptotische Grenze der Schachtelung von Kreisen und Polygonen bestimmen wollte. Mit der Differentialrechnung verschafften sie sich die technischen Mittel, die asymptotische Grenze einer durchschnittlichen Änderung richtig zu ermitteln – die momentane Änderung – und konnten damit Änderungsmuster mit vollkommener Genauigkeit beschreiben.

Diese »Verfügungsgewalt« über die Vollkommenheit erinnert mich an eine Postkarte, die ich einmal erhielt. Das Bild stellte Eisenbahnschienen perspektivisch dar, im Vordergrund eine Gruppe lustiger winziger Männchen, die durch Lupen den Punkt am Horizont betrachteten, an dem die Schienen zusammenzulaufen schienen. Die Postkarte trug den Titel »Finden des Fluchtpunkts«. Mathematiker scheinen mit den technischen Fähigkeiten für die Berechnung von asymptotischen Grenzen in der Lage zu sein, Fluchtpunkte zu finden. Wenn wir diese Fertigkeiten nicht hätten, würden solche Idealvorstellungen für uns immer unerreichbar bleiben, sehr ähnlich Bergzügen, die am Horizont scheinbar verharren, wie weit wir auch in ihre Richtung auf sie zugehen mögen.

Gegenwärtig können wir nur davon träumen, wie es wäre, wenn wir die Vollkommenheit unserer sozialen und persönlichen Leistungen so leicht erreichen würden wie wir momentane Änderungen oder irgendwelche anderen asymptotische Grenzen in der Mathematik heute bestimmen können. Eine der Schwierigkeiten, die uns daran hindern, in unseren nichtmathematischen Leistungen Fortschritte zu erzielen, ist solchen Folgen nicht unähnlich, die überhaupt kein logisches Muster zeigen, im Gegensatz zu dem, was für mathematische Beispiele immer gilt. Sogar wenn jeder von uns eine klare Vorstellung von der Bedeutung des Fortschritts und der Vollkommenheit hätte, wäre es unwahrschcinlich, daß alle unsere Vorstellungen sich einer einzigen asymptotischen Grenze nähern. In diesem Verständnis können unsere angeborenen Tendenzen nicht mit geraden Linien verglichen werden, die auf einen einzigen Fluchtpunkt ausgerichtet sind; tatsächlich sind die Linien gekrümmt, viele haben überhaupt kein Ziel, und der Punkt ist ein Fleck – ein ziemlich großer und verwischter Fleck.

Es gibt jedoch Beispiele außerhalb der Mathematik, wo die asymptotische Grenze genauso eindeutig festgelegt zu sein scheint wie für die Folge 0,9, 0,99, 0,999 und so fort. Es gibt Beispiele von relativ deterministischem Verhalten, bei dem jedermann, der damit zu tun hat, dasselbe Ziel anstrebt, und der gemeinsame Fortschritt ist so sicher und stetig wie eine Folge von Zahlen. Dies gilt für die meisten Leichtathletikwettbewerbe. Im Meilenrennen, zum Beispiel, erwarten Sie bestimmt, daß eine schnellste mögliche Laufzeit existiert.

Vor Jahren vermutete jedermann, daß die asymptotische Grenze für das Meilenrennen bei vier Minuten liegt. Niemand, hatte man geglaubt, würde die Meile in vier Minuten bewältigen. Das war vor 1954, dem Jahr, in dem Roger Bannister aus England als erster diese Meile unter vier Minuten in der Rekordzeit von 3 Minuten und 59,4 Sekunden lief. Danach wurde vermutet, daß niemand jemals die Zeit von 3 Minuten und 55 Sekunden unterbieten könnte; jedoch 1958 lief der Australier Herb Elliot die Meile in 3 Minuten und 54,4 Sekunden. Ich habe nun die Verbesserung der Meilen-Rekordzeiten seit 1865 aufgezeichnet und dabei gefunden, daß die Verbesserungsrate heute grob dieselbe ist wie vor vierzig Jahren; die Rekordzeiten für das Meilenrennen scheinen sich nicht einzupendeln und einer vorhersagbaren Asymptote anzunähern. Die letzte Rekordzeit, 1981 von dem Engländer Sebastian Coe gelaufen, ist 3 Minuten und 47,33 Sekunden – erheblich unter vier Minuten.

Solange wir nicht glauben wollen, daß eines Tages ein Meilenläufer tatsächlich einen absoluten, nicht zu brechenden Rekord aufstellen wird, müssen wir annehmen, daß die Begrenzung der Verbesserungsmöglichkeiten im Meilenrennen eine asymptotische Grenze ist. Mit dieser Erkenntnis ergibt sich aber dann die Frage, wie denn die Kraft oder der Widerstand genau beschaffen ist, der uns daran hindert, eine absolute Grenze zu erreichen, auch wenn er es zuläßt, daß wir uns ihr mehr und mehr nähern können. Vermutlich hängt die Quelle des Widerstands auf irgendeine Weise mit den Grenzen der vorhandenen Energie und denen der Stärke des menschlichen Körpers ohne Unterstützung zusammen.

Um eine Vorstellung davon zu entwickeln, wie sich dieser Mechanismus verhalten muß, nehmen Sie für den Augenblick an, daß die gesuchte asymptotische Grenze keine andere ist als die Grenze der Lichtgeschwindigkeit (Ein Meilenläufer mit dieser Geschwindigkeit würde nur den 5,37 millionsten Teil einer Sekunde benötigen, um das Rennen zu beenden). Für diesen Fall wird der Widerstandsmechanismus durch die Spezielle Relativitätstheorie erklärt.

Aus dieser Theorie folgt, daß zu dem Zeitpunkt, zu dem ein

Körper ungefähr 9/10 der Lichtgeschwindigkeit erreicht hat, ein ungeheurer Aufwand von Energie nötig ist, seine Geschwindigkeit um einen auch nur kleinen Betrag zu erhöhen. Der physikalische Grund für diesen Umstand liegt darin, daß, sobald der Körper sich der Lichtgeschwindigkeit nähert, mehr und mehr die für die Beschleunigung gedachte Energie in Masse umgewandelt wird, die den Körper schwerer macht; der Körper benötigt nun noch mehr Antrieb; der hinzugefügte Antrieb führt zu noch mehr Masse und so fort. Wie und warum genau dies passiert, ist nicht klar, aber wir sind sicher, daß es so eintreten wird. (Elektronen kreisen in einem Teilchenbeschleuniger mit Geschwindigkeiten von .999 der Lichtgeschwindigkeit, und Physiker haben über die Jahre beobachtet, daß sich solche Elektronen so träge verhalten, als ob sie ein Vielfaches ihrer normalen Masse hätten – genau wie die Theorie es vorhersagt.) Die wachsende Masse eines beschleunigten Körpers kombiniert sich so mit der abnehmenden Wirksamkeit seines Antriebs, daß es für den Körper physikalisch unmöglich ist, die Lichtgeschwindigkeit zu erreichen – obwohl er mit außergewöhnlichen Anstrengungen ihr beliebig nahe kommen kann.

Hypothetisch hätte ein Körper im asymptotischen Grenzwert – der Lichtgeschwindigkeit – eine unendlich große Masse, und sein gesamter Antrieb würde nur dazu beitragen, diese Masse zu vergrößern. Es ist dagegen offensichtlich, daß auch unter unrealistisch idealen Laufbedingungen (kein Luftwiderstand, zum Beispiel) der menschliche Körper nicht die Energie aufbringen kann, um auch nur in die Nähe der Geschwindigkeiten zu kommen, bei denen Relativitätseffekte bemerkbar werden, noch hat er die Stärke, die Unbillen solcher Geschwindigkeiten auszuhalten. Üblicherweise verbraucht jeder von uns einige wenige tausend Kalorien Energie am Tag; 6000 Kalorien wären etwa nötig, um uns auf eine Geschwindigkeit von ca. 100 km in der Stunde zu bringen. Wenn es eine asymptotische Grenze für unsere Geschwindigkeit in einem Meilenlauf gibt – oder in irgendeinem Rennen, in diesem Zusammenhang –, liegt sie sicher weit unter der Lichtgeschwindigkeit. Sie wird aber durch einen anderen, ähnlich ausgefallenen Widerstandsmechanismus erzwungen.

Die zuverlässige Schätzung dieser Grenze kann wahrscheinlich erzielt werden, wenn wir warten, bis sich die Folge der Rekordzeiten einzupendeln beginnt. Dies ist bisher nicht eingetreten, aber wenn es geschieht, werden wir es daran bemerken, daß neue Rekorde immer seltener und mit immer kleineren Verbesserungen gelaufen werden. Dann wird deutlicher werden, welche Rekordzeit unsere Läufer nicht mehr werden erreichen können.

Jedoch ohne sichere Kenntnis dieser Grenze werden wir uns wahrscheinlich wie bisher verhalten; so, als gäbe es keine Grenze. Dies ist genau die Einstellung, die man von einer Art, deren Entwicklung einer asymptotischen Grenze nachgebildet ist, erwartet. Die wesentliche paradoxe Eigenschaft von jeder Annäherung an eine asymptotische Grenze liegt darin, daß die Zukunft eine endlose Folge von Verbesserungen verspricht; wenn wir einen Horizont erreicht haben, ist anscheinend immer ein weiterer Horizont in Sicht. Nur die sichere Kenntnis der asymptotischen Grenzen, vermittelt durch die Möglichkeit des Vorauswissens, könnte diese Illusion zerstören, aber das ist bis jetzt keine Möglichkeit, über die sich eine einzigartig rastlose Art Gedanken machen müßte. Im Augenblick sind wir nicht einmal in der Lage, mit einem der Differentialrechnung vergleichbaren Mittel den Fluchtpunkt des menschlichen Fortschritts ausmachen zu können.

Kontinuität und Zahlen
Irrationales Denken

> Jener unermeßlich große, vollkommene Raum, der all seine Schöpfungswerke in Ewigkeit nicht enthüllen wird.
> (Mark Akenside, Pleasures of Imagination)

Die Welt, so scheint es, wird zunehmend digitalisiert. Es gibt digitale Tonaufzeichnungen, digitalisierte Bilder und Digitaluhren. Ich finde den zuletzt genannten Trend besonders fesselnd, gerade vor dem Hintergrund der uralten Frage nach dem Verlauf der Zeit. Fließt sie ununterbrochen oder bewegt sie sich stockend in einzelnen Schritten vorwärts, die Chrononen genannt werden? Die heutigen Digitaluhren verstärken den letzteren Eindruck. Aber in Wahrheit sind wir mit der Klärung dieser Frage keinen Schritt weiter als die alten Griechen, bei denen die Clypsedra, eine Wasseruhr, der letzte Schrei der Zeitmessung war; sie symbolisierte den ununterbrochenen Fluß der Zeit. Wenn überhaupt etwas erreicht wurde, dann ist das die Erkenntnis, daß die Frage heute entmutigender ist denn je. Während die Naturwissenschaftler sich fragen, ob die Zeit kontinuierlich ist oder nicht, haben ihre mathematischen Kollegen die Arbeitsdefinition des Kontinuums von einer wissenschaftlich greifbaren in eine anscheinend naturwissenschaftlich nicht faßbare Definition umgewandelt. Jetzt kann nur die Zeit selbst uns sagen, ob die Wissenschaftler die ursprüngliche mathematische Vorstellung zur Kontinuität beibehalten oder die modifizierte für die Untersuchung der Zeit übernehmen werden.

In der Hauptsache beschäftigen sich Naturwissenschaftler mit den Aussagen der Mathematiker zu diesem Thema, weil das quantitative Modell der Kontinuität die Zahlengerade ist. Dies ist eine einfache Gerade, auf der die Mathematiker die Zahlen so anordnen, wie es ihnen aus der Arithmetik bekannt ist; in Wirklichkeit ist sie der begriffliche Maßstab des Mathematikers. Und in diesem Zusammenhang wird die quantitative Vorstellung von der Kontinuität durch eine Zahlengerade dargestellt, auf der jeder denkbare Punkt mit einer Zahl versehen ist, so daß keine einzige Lücke ohne Zahl existiert.

Die einfachste Zahlengerade, die man sich vorstellen kann, ist nicht kontinuierlich. Sie besteht lediglich aus den natürlichen

Zahlen 1, 2, 3, 4 und so weiter, die, wenn sie in regelmäßigen Abständen auf der Geraden angeordnet werden, offensichtlich Lücken lassen. Die erste kontinuierliche Zahlengerade war die der alten Griechen. In ihrer Zahlengerade wurden die Lücken zwischen den natürlichen Zahlen unendlich oft in Brüche unterteilt, so daß augenscheinlich kein Punkt unbezeichnet blieb. Sie wurde die rationale Zahlengerade genannt, weil sie aus den natürlichen Zahlen und den Brüchen, die von den Griechen als rationale Zahlen bezeichnet wurden, zusammengesetzt war; dies waren Zahlen, die als Verhältnis (ratio) von natürlichen Zahlen (3:2, 2:7, 5:1) bestimmt wurden.

Ein ganz bestimmter Grieche, der nicht nur aus mathematischen, sondern auch aus religiösen Gründen glaubte, daß die rationale Zahlengerade das ideale Modell der Kontinuität darstellte, war Pythagoras aus Samos. Er war Mitglied eines kabbalistischen Kults, der im Bild der Kontinuität und besonders in den Zahlen, aus denen dieses Bild zusammengesetzt ist, ein göttliches Wesen sah. Pythagoras und die anderen Anhänger dieses Kults maßen zum Beispiel der griechischen Entdeckung große Bedeutung bei, daß die Oktaven in der Musik durch gezupfte Saiten erzeugt wurden, deren Längen Verhältnisse natürlicher Zahlen sind. Für die Pythagoräer war dies ein sicheres Zeichen, daß alles über und innerhalb des Universums in Form rationaler Zahlen beschrieben werden konnte. In ihrer Zahlenverehrung entwickelten sie eine komplizierte bildhafte Interpretation der Zahlen, die Basis der modernen Numerologie, in der die Zahl 1 der göttliche Schöpfer war (vermutlich weil sie die erste von 0 verschiedene Zahl ist). Aus Gründen, die nur die Pythagoräer kannten, vertraten die Zahlen 2 und 3 die Weiblichkeit bzw. die Männlichkeit; daraus mutmaßten sie, daß die Zahl 5 (Weiblichkeit plus Männlichkeit) die eheliche Gemeinschaft repräsentierte.

Weil keine Beweise für das Gegenteil vorlagen, sahen die Griechen für lange Zeit in der rationalen Zahlengerade das Modell für die Kontinuität. Erst im 6. Jahrhundert v. Chr. entdeckten die Pythagoräer wiederum Löcher im Modell und über entsprechende Schlüsse Mängel an ihrer Gottheit. Die Enthüllung ergab sich eigentlich unerwartet durch Bemühungen, ein ziemlich alltägliches Problem zu lösen. Es war ein Problem, ähnlich der Frage, wie lang ein Zaun ist, der ein quadratisches Grundstück mit einem Kilometer Kantenlänge diagonal in zwei Dreiecke zerschneidet.

Normalerweise hätten die Pythagoräer ein solches Problem gelöst, indem sie ihren eigenen pythagoräischen Lehrsatz benutzten. Die Länge irgendeiner dritten Seite eines rechtwinkligen Dreiecks wird aufgrund dieses Lehrsatzes aus den bekannten Längen der anderen zwei Seiten berechnet.

In der Vergangenheit konnten mit dem Lehrsatz die Abmessungen einer Vielzahl von Dreiecken bestimmt werden. Zur großen Bestürzung der Pythagoräer war ihr Lehrsatz jedoch nicht geeignet, eine genaue zahlenmäßige Antwort auf diese Frage anzubieten. Ihre Berechnungen sagten ihnen nur, daß der Zaun nahezu, aber nicht exakt $3/2$ km lang war; die genaue Zahl war in ihrem mathematischen Wortschatz nicht enthalten. Sie war im doppelten Sinn des Wortes eine irrationale Zahl: buchstäblich, weil sie nicht das Verhältnis von irgendwelchen natürlichen Zahlen war und bildlich, weil sie nirgendwo im begrifflichen Reich der Griechen unterzubringen war. Wie die Pythagoräer dann feststellten, war sie nur eine Stellvertreterin für viele andere Zahlen, die dieselbe Eigenschaft besaßen.

Die Entdeckung der irrationalen Zahlen, die die Pythagoräer als ketzerisch einstuften und zunächst zu verbergen suchten, bedeutete, daß die rationale Zahlengerade nun nicht mehr ein Modell der Kontinuität sein konnte. Stellen Sie sich zum Beispiel einen Stock vor, so lang wie die Diagonale in einem Quadratkilometer des pythagoräischen Problems. Der Stock hat eine Länge, deren Realität nicht zu verleugnen ist; wenn dieser Stock jedoch an der rationalen Zahlengerade abgemessen wird, fällt sein Ende auf einen Punkt, der nicht mit einer Zahl versehen ist. Schlimmer noch, es gibt viele solcher Stöcke, deren Längen nur in Zahlen ausgedrückt werden können, die weder natürliche Zahlen noch Brüche sind. Kurz gesagt, die pythagoräische Entdeckung bedeutete, daß die rationale Zahlengerade so durchlöchert ist, daß Lücken einer nicht beschreibbaren Art zwischen den bereits unendlich dicht beieinander liegenden Brüchen existieren.

In den Jahrhunderten, die dieser Entdeckung folgten, wurden die irrationalen Zahlen von den Mathematikern schließlich als ein notwendiges Übel hingenommen. Man sah sie als notwendig an, weil durch ihr Einfügen in die Zwischenräume der rationalen Zahlen eine wirklich kontinuierliche Zahlengerade entstand, und man betrachtete sie als Übel, weil es immer noch unklar war, wie sie sich in die rationale Zahlengerade einpaßten.

Es gab viele Beispiele von irrationalen Zahlen, aber es gab

keine mathematisch akzeptable Definition für sie. Sie schienen logisch nicht mit den rationalen Zahlen verknüpfbar zu sein; anders gesagt, es lag kein bekanntes Rezept vor, mit dem aus einer rationalen Zahl eine irrationale Zahl gemacht werden konnte. Im Gegensatz dazu waren die rationalen Zahlen miteinander logisch verknüpft, weil sie alle in Verhältnissen von natürlichen Zahlen beschrieben werden konnten. So lange wie die Mathematiker nicht in der Lage waren, die rationalen und die irrationalen Zahlen miteinander in Einklang zu bringen, konnte der Begriff einer irrationalen Zahl weder vollständig verstanden, geschweige denn mathematisch bekräftigt werden.

Bis ins 19. Jahrhundert hinein war ein Mathematiker, der die irrationalen Zahlen zu rationalisieren versuchte, jemandem ähnlich, der bei einem Familientreffen nicht herausfinden kann, wie eine fremd aussehende Person sich in den Familienstammbaum einfügt. Der deutsche Mathematiker Richard Dedekind fand 1872 einen zulässigen Weg, die rationalen und die irrationalen Zahlen miteinander zu verbinden, und hob dabei das lang erwartete »Super«-Modell der Kontinuität aus der Taufe. Es wurde die reelle Zahlengerade genannt und nahm damit auf die Angewohnheit der Mathematiker Bezug, seit dem 16. Jahrhundert die rationalen und irrationalen Zahlen als reelle Zahlen zu bezeichnen.

Einige Jahre nach Dedekind machte der deutsche Mathematiker Georg Cantor eine Entdeckung, die jegliche noch existierende Skepsis gegenüber der scheinbar unmöglichen Einführung der reellen Zahlen beseitigte. Wie die Griechen es übrigens vermutet hatten, bestätigte er sogar, daß es noch mehr reelle Zahlen gab, obwohl schon die Zahl der rationalen Zahlen unendlich war. Damit wird bekräftigt, daß die reelle Zahlengerade in der Tat kontinuierlicher, dichter gepackt ist als die kontinuierliche rationale Zahlengerade.

Stellen Sie sich vor, was dies bedeutet: Auf der rationalen Zahlengerade liegen benachbarte Zahlen unendlich eng nebeneinander. Aber auf der reellen Zahlengerade liegen benachbarte enger als unendlich eng zusammen. Selbst wenn wir Spiegel benutzen würden, wäre dies eine Illusion, die wir nicht erzeugen könnten. Betrachten Sie zum Beispiel zwei Spiegel, die sich gegenüber stehen. Wenn Sie in den einen schauen würden, so könnten Sie ein wiederholtes Bild des anderen sehen. Stellen Sie sich vor, daß jedes Bild eine Markierung auf einer Zahlengerade ist. Wenn Sie die Spiegel nun näher zusammenrücken, werden die Spiegelungen zusammengedrückt und der Platz zwischen den Spiegeln schrumpft. Der Platz zwischen den Markierungen auf einer rationalen Zahlengeraden würde dem Platz zwischen den Bildern entsprechen, wenn die Spiegel unendlich nah beieinander stünden – mit anderen Worten, sich berühren. Der Platz zwischen den Markierungen auf einer reellen Zahlengeraden dagegen würde dem Platz zwischen den Bildern entsprechen, wenn die Spiegel sich noch *näher* wären als im Berührungszustand. Aber dies kann nur dann eintreten, wenn die Spiegel ineinander übergehen, wie Alice im Wunderland, die in den Spiegel eintritt.

Für Wissenschaftler, die etwas über die Zeit erfahren möchten, stellen die reellen Zahlen eine interessante Wahlmöglichkeit dar. Sie können sie ablehnen, weil sie ein unwissenschaftliches (weil nicht bestimmbares) Modell der Realität sind. In diesem Fall könnte man ihnen Engstirnigkeit vorwerfen. Oder sie akzeptieren die reelle Zahlengerade als ein mögliches Modell, was ihnen wiederum als Mystizismus angekreidet werden könnte.

Eine einstimmige Wahl wird wahrscheinlich nie getroffen, deshalb nehmen wir für den Augenblick an, daß beide, die rationale und die irrationale Zahlengerade, jede auf ihre Weise, brauchbare Modelle der Kontinuität sind. In diesem Fall ist die Frage, die wir untersuchen, nicht nur die, ob die Zeit kontinuierlich ist, sondern auch, wenn sie kontinuierlich ist, die Frage, ob sie »rational« oder »reell« kontinuierlich ist.

Wenn die Zeit nicht kontinuierlich ist – um zu unserer ursprünglichen Frage zurückzukommen –, bedeutet dies, daß alles, was im Universum – das Universum selbst eingeschlossen – existiert, als ein Einzelbild in einem Film dargestellt werden kann. Es bedeutet, daß die zeitliche Existenz eine Folge von Augenblicken ist und daß die scheinbare Kontinuität eine Illusion ist wie die, die durch Filme erzeugt wird. Im Fall eines Films, der mit ungefähr achtzehn Bildern in der Sekunde projiziert wird, entsteht die Illusion, weil unsere Augen das Abbild eines Einzelbildes lang genug festhalten, um es mit dem nächsten Einzelbild unmerklich verschmelzen zu können; die Unterbrechungen werden nicht bemerkt. Wenn die Bilder zu langsam projiziert werden oder wenn unsere Augen das Abbild nicht speicherten, wären wir in der Lage, die Unterbrechungen zu sehen, und der Film würde flimmern.

Im Fall des Universums müssen Experimente mit physikalischen Instrumenten, die sich wie Augen mit nur sehr geringer zeitlicher Speicherung verhalten, erst noch zeigen, daß die physikalische Realität flimmert. Wenn die Zeit nicht kontinuierlich ist, legen die Ergebnisse dieser Experimente den Schluß nahe, daß die Projektionsgeschwindigkeit der Wirklichkeit schneller sein muß als einhundert Millionen Trillionen (eine 1 gefolgt von 23 Nullen) Zeitabschnitte in der Sekunde.

Wenn die Zeit dagegen kontinuierlich ist, entsteht die Frage, ob unsere zeitliche Existenz die Kontinuität einer rationalen oder einer reellen Zahlengerade hat. Jedes dieser beiden Modelle kann nicht durch direktes Messen bestätigt werden, da es für eine Projektionsrate der Realität steht, die entweder eine unendliche Zahl von Bildern in der Sekunde oder mehr beträgt. Eine direkte Messung kann höchstens zeigen, daß die Projektionsgeschwindigkeit größer sein muß als soundso viele Bilder in der Sekunde; sie kann niemals zeigen, daß die Geschwindigkeit in Wirklichkeit unendlich groß, geschweige denn größer als unendlich ist.

Indirekte Messungen jedoch könnten uns einen Hinweis geben. Ein einfaches Experiment, das sich anbietet, besteht in der Sammlung von verschiedenen natürlichen Phänomenen, in denen die Zeit eine Rolle spielt, um dann festzustellen, ob rationale Zahlen für eine quantitative Beschreibung ausreichen. Wenn dies der Fall ist, wäre damit ein Hinweis gewonnen, daß Zeit und Kontinuität nichts miteinander zu tun hätten, und daß, über eine entsprechende Schlußfolgerung, die rationale Zahlengerade ein angemessenes und genaues Modell der zeitlichen Kontinuität ist. Wenn dies nicht zutrifft, würde dies darauf hinweisen – wie die Pythagoräer dies schon in einem anderen Zusammenhang zuvor entdeckt hatten –, daß die rationale Zahlengerade ein ungeeignetes Modell der zeitlichen Kontinuität ist.

Für die vorgeschlagene Sammlung wird es notwendig sein, daß wir eine rationale Zahl von einer irrationalen Zahl unterscheiden können. Das am besten erkennbare Merkmal einer irrationalen Zahl ist die Tatsache, daß sie nur in Form einer unendlichen Folge von Ziffern ausgedrückt werden kann, die anscheinend ohne Regel ist. Zwei Beispiele sind die Quadratwurzel aus zwei (1.414213562...) und pi, die Zahl, die man immer erhält, wenn der Umfang eines Kreises durch seinen Durchmesser geteilt wird (3.141592654...). Pi ist eine von jenen besonders populären irrationalen Zahlen, die bis auf Hunderttausende von Dezimalstellen berechnet wurden, ohne daß, wie erwartet, ein erkennbares Muster auftauchte. (Dies ist ein Sachverhalt, den ich bei einer irrationalen Zahl nicht verstehen kann: Ihre Ziffern sind in zufälliger Weise, aber nicht willkürlich angeordnet. Wenn ich nur ein Ziffernpaar in der unendlichen Ziffernfolge vertausche, habe ich nicht mehr dieselbe Zahl. Jede irrationale Zahl hat ihre eigene Zufälligkeit, und jede ihrer Ziffern spielt eine eigene Rolle, um diese individualisierte Zufälligkeit herzustellen.) Eine rationale Zahl kann ebenso in dezimaler Form als eine unendliche Folge von Ziffern geschrieben werden; aber im Gegensatz zu den irrationalen Zahlen kann man immer ein Muster erkennen ($2/35$ entspricht 0,0571428571428...; $1/99$ entspricht 0,0101010101... und 6 ist 6,000000000...).

Es gibt sicher viele zeitliche Phänomene, die wir aus dem Alltag kennen und die vollkommen mit rationalen Zahlen beschrieben werden können. Mir fällt sofort die Elektrizität ein, die Begegnung von elektrischen Ladungen in einem Draht. Aufgrund eines Experiments des amerikanischen Physikers Robert Millikan im Jahre 1906, für das er 1926 den Nobelpreis erhielt, wissen wir heute, daß elektrische Ladungen nur als ganzzahlige Vielfache einer unteilbaren Elementarladung existieren. In Wirklichkeit liegen zwei Sorten von Elementarladungen vor; sie haben dieselbe Stärke, aber die eine ist positiv und die andere ist negativ in der Weise, daß gleiche Ladungen sich abstoßen und ungleiche Ladungen sich anziehen. Gegenwärtig wird spekuliert, daß es noch kleinere Kernteilchen gibt, Quarks genannt, die elektrische Ladungen von einem Drittel und zwei Drittel der Elementarladung tragen; bisher aber gibt es weder eine Vermutung noch einen Beweis, daß irgend etwas mit einer irrationalen Ladungszahl existiert.

Dann gibt es die Chemie, in der die Dynamik einer Reaktion im großen durch die Eigenschaften der beteiligten chemischen Elemente bestimmt wird. Diese Eigenschaften wiederum sind mit den Ordnungszahlen der Elemente verknüpft.

Die Ordnungszahl eines Elements ist gleich der Zahl der Elektronen in jedem seiner Atome und ist immer eine rationale Zahl – eine natürliche Zahl, um genau zu sein. Elemente zum Beispiel mit den Ordnungszahlen 2, 10, 18, 36, 54 und 86 sind chemisch träge; sie reagieren praktisch nicht mit den anderen Elementen. Das genaue Gegenteil zeigen die Halogene mit den Ordnungszahlen 9, 17, 35, 53, 85. Sie sind sehr reaktiv, besonders in der Salzbildung. Von besonderer Bedeutung für uns und andere organische Lebensformen ist die

Zahl 6, die für Kohlenstoff steht. Die einzigartige Neigung des Kohlenstoffs, sich mit anderen Elementen zu verbinden, veranlaßt ihn, lange kettenähnliche Moleküle wie die Aminosäuren und Nukleinsäuren zu bilden.

In der Biologie werden ebenfalls viele zeitliche Phänomene mit rationalen Zahlen beschrieben. Jede Pflanzen- und Tierart zum Beispiel kann durch eine ihr eigene Zahl von Chromosomen in ihren Körperzellen gekennzeichnet werden. Und diese Chromosomenzahl ist wie die Ordnungszahl immer eine natürliche Zahl.

Trotz dieser überragenden Bedeutung der rationalen Zahlen kommt die Naturwissenschaft ohne irrationale Zahlen nicht aus. Seit über einem Jahrhundert haben Naturwissenschaftler eine wachsende Anzahl von speziellen Größen zusammengetragen, deren Auftreten in nahezu jeder naturwissenschaftlichen Theorie ihre Bedeutung für die moderne Beschreibung von Raum und Zeit anzeigt. Diese Naturkonstanten kann man als Bevölkerungsstatistik der Natur auffassen, und es scheint heute so, daß jede von ihnen eine irrationale Zahl ist. Zum Beispiel ist eine dieser Konstanten, die Lichtgeschwindigkeit, auf neun Stellen genau vermessen, ohne daß ein Muster zu erkennen ist. (In Millionen Kilometer in der Sekunde ausgedrückt lautet die Zahl 0,299792458). Mit einer anderen Konstante wird das dynamische Verhalten auf dem Atomniveau beschrieben. Sie wird als Feinstrukturkonstante bezeichnet, und es läßt sich kein Muster nachweisen, wenn sie bis auf zehn Stellen genau bestimmt wird. (Die genaueste Messung der Feinstrukturkonstante, eine Größe ohne Dimension, beträgt 0,0072973503.)

Allein in der Physik gibt es mehr als ein Dutzend solcher Konstanten, die von einigen wenigen bis zu elf Stellen genau ausgemessen wurden, und keine von ihnen hat ein sich wiederholendes Muster gezeigt.

Diese Belege für die Beteiligung irrationaler Zahlen in zeitbezogenen Phänomenen wären für unser Experiment zur zeitlichen Kontinuität ausreichend, wenn sie nicht mit einer weiteren Schwierigkeit verbunden wären: Jeder Versuch, eine irrationale Zahl zu bestimmen, scheitert daran, daß sie nicht gemessen werden kann. Wenn wir die Feinstrukturkonstante messen, können wir nie sicher sein, daß sich nicht doch ein Muster bei der Steigerung der Stellenzahl zeigt. In zehn Jahren haben wir vielleicht festgestellt, daß die Feinstrukturkonstante, sagen wir, 0,007297350372973 beträgt. Sie teilt uns nun durch ihr Muster mit, daß sie doch eine rationale Zahl sein könnte. Ein solches Muster in den Ziffern müßte sich unbegrenzt fortsetzen, damit die Konstante als rationale Zahl anerkannt werden kann. Aber das ist etwas, was wir niemals beweisen können.

Dies läuft alles darauf hinaus, daß durch die Entdeckung der irrationalen Zahlen die Mathematiker eine naturwissenschaftliche Möglichkeit eröffnet haben, die durch keine vorstellbare Messung oder Serie von Messungen geklärt werden kann. Obwohl, mathematisch gesprochen, eine rationale Unterscheidung zwischen einer Zeit, die »reell« kontinuierlich, und einer Zeit, die »rational« kontinuierlich ist, getroffen werden kann, ist dies eine Unterscheidung, die für die Empiristen ganz und gar irrational ist.

Cantors Mengentheorie und transfinite Zahlen
Jenseits der Unendlichkeit

Du gleichst dem Geist, den du begreifst.
(Johann Wolfgang v. Goethe, Faust I)

Ich staune über die menschliche Vorstellungskraft, die so anschaulich ist, daß sie uns häufig dazu veranlaßt, die Details unserer Phantasien zu diskutieren. In der Vergangenheit waren sich intelligente Männer und Frauen uneins über die Zahl von Engeln, die auf einem Nadelkopf Platz finden könnten; heute streiten sich Militärexperten, die glauben, daß wir einen weltweiten nuklearen Krieg ertragen können, über die relativen Vorteile von Nachkriegsszenarios. Es scheint, daß wir von Zeit zu Zeit durch eine theoretische Möglichkeit so fehlgeleitet werden, daß unser normaler, praktischer Realitätssinn auf der Strecke bleibt.

In der Mathematik versucht man, diese Macht der menschlichen Vorstellungskraft, mit der wir uns mit den kleinsten Einzelheiten unserer Träumereien beschäftigen, ständig bis an die äußersten Grenzen der Vernunft anzuwenden. Und die Mathematiker waren ungewöhnlich erfolgreich in ihren modernen Ansätzen, die Vernunft einzusetzen und die Einzelheiten zu ordnen, besonders bei einem der unvorstellbarsten Begriffe aller Zeiten, der Unendlichkeit.

Jahrtausendelang, bis ins 19. Jahrhundert, war die Idee der Unendlichkeit alles andere als wohldefiniert. Bei denjenigen, die dem Geistlichen zuneigten, löste diese Idee vage, theologische Assoziationen aus, und für andere, Naturwissenschaftler und Mathematiker eingeschlossen, war sie eine Schublade für alles, was jenseits des rationalen Denkens lag. In der ehrfurchtsvollen Achtung vor der Unendlichkeit verhielten wir uns wie der Buschmann in George Bernhard Shaws ›Mensch und Übermensch‹, der nicht weiter als bis zur Zahl seiner Finger zählen konnte: »Für ihn ... ist elf eine unberechenbare Myriade.«

Im Laufe des 17. Jahrhunderts begannen Naturwissenschaftler und Mathematiker so zu reden, als ob die Unendlichkeit eines Tages ein rationaler Begriff werden könnte. Dennoch war die Unendlichkeit für sie immer noch ein Gattungsname, mit dem alles unvorstellbar Große beschrieben wurde. Unendlichkeiten wurden nicht unterschieden. Zum Beispiel drückte Galileo in seinen ›Unterredungen über zwei neue Wissenszweige‹ den Glauben aus, daß eine zehn Zentimeter lange Gerade genau so viele Punkte – eine unendlich große Zahl – enthielt wie eine doppelt so lange Gerade. Er nahm den Widerspruch hin wie jemand, für den das Universum so wenig zugänglich blieb, sei es halb so groß oder doppelt so groß.

Ein Jahrhundert nach Galileo hatte die Zahl und die Schärfe von Widersprüchen wie dieser noch mehr zugenommen. 1851 versuchte der tschechische Mathematiker Bernhard Bolzano in einem kleinen Büchlein mit dem Titel ›Paradoxien des Unendlichen‹ eine erste gründliche und rationale Bearbeitung dieses Problems, jedoch als Ergebnis waren wir der Unendlichkeit nicht näher als zuvor, wenn nicht gar weiter davon entfernt.

Wenn Mathematiker heute so nah daran sind, die Unendlichkeit zu verstehen wie niemand zuvor, ist dies hauptsächlich der treffsicheren Vorstellungskraft von Georg Ferdinand Ludwig Philipp Cantor zu verdanken, ein deutscher Mathematikprofessor, der sechs Jahre alt war, als das Buch von Bolzano erschien. Cantor hatte nicht unbedingt die Absicht, einen vernünftigen Weg zur Unendlichkeit ausfindig zu machen. Wie andere Mathematiker im letzten Viertel des 19. Jahrhunderts war er durch kurz zuvor gemachte Entdeckungen angespornt, die die Wahrhaftigkeit der Geometrie als Fundament der Mathematik anzweifelten. Mathematiker waren danach in einer Art intellektueller Panik bemüht, die euklidische Geometrie durch einen neuen Eckpfeiler zu ersetzen; diesmal glaubten viele, daß es ein arithmetischer und nicht mehr geometrischer sein würde. Es würde ein rationales Grundgerüst sein müssen, das sich begrifflich auf die natürlichen Zahlen, Brüche und irrationalen Zahlen (Dezimalzahlen wie pi, die keine Brüche sind) stützen müßte und nicht auf Punkte, Geraden und Ebenen. Dies war ein weit und sogar unscharf formuliertes Ziel, und die verschiedenen Wege, die von Mathematikern eingeschlagen wurden, führten in verschiedene Richtungen. Cantors Weg führte ihn selbst zur Unendlichkeit und, was überhaupt niemand erwartet hatte, sogar über sie hinaus.

Cantor begann die weit ausgreifende Reise seines Verstandes damit, daß er sich eine endliche, begrenzte »Zusammenfassung ... von bestimmten wohlunterschiedenen Objekten unserer Anschauung oder unseres Denkens zu einem Ganzen« vorstellte, die er einfach als endliche Menge bezeichnete. Mit dem vorgeblichen Ziel, eine arithmetische Fundierung der Mathematik zu entwickeln, beabsichtigte er im besonderen, Mengen von Zahlen zu betrachten. Aber seine Definition konnte genauso zutreffend auf Mengen von Monaten, Menschen oder sonst irgend etwas angewendet werden.

Gemäß dem logischen Grundgerüst von Cantor war eine Menge einer anderen Menge (in der Größe) äquivalent, wenn die Elemente der einen mit denen der anderen zahlenmäßig gepaart werden konnten. Durch die getroffene Wahl, Äquivalenz in genau dieser Weise festzulegen, war Cantor in der Lage, wirklich große Mengen in einfacher Form miteinander zu vergleichen, wie die Menge der Plätze im Münchener Olympiastadion und die Menge der Zuschauer, die sich ein Sportereignis anschauen wollen. Wenn man der Cantorschen Definition folgt, könnte man feststellen, ob diese beiden Mengen äquivalent sind, indem man abwartet, was passiert, wenn jedermann sich hinsetzt oder dies versucht. Wenn einige Zuschauer stehen oder einige Sitzplätze frei bleiben, sind die beiden Mengen nicht äquivalent; im anderen Fall sind sie es.

Cantors Definition verlangt nicht von uns zu zählen oder gar die Gesamtzahl jeder der beiden Mengen zu kennen, damit wir die Äquivalenz feststellen können. Dies ist genau das, was es Cantor ermöglichte, rational Unendlichkeiten, oder präziser, Mengen von unendlich großen Gesamtheiten zu vergleichen und voneinander zu unterscheiden.

Mit diesen wenigen einfachen Ideen bewaffnet, tat Cantor seinen ersten Schritt in Richtung Unendlichkeit. Er verdeutlicht, wie eine endliche Menge als Stufe dazu benutzt werden kann, eine andere, größere endliche Menge festzulegen und so fort, unendlich oft. Bei jedem Schritt wird die größere Menge aus all den Teilmengen zusammengesetzt, die man aus der Menge zuvor entnehmen kann. Gemäß seiner willkürlich getroffenen Festlegung erklärte Cantor, daß eine Teilmenge aus keinem Element, irgendwelchen oder aus allen Elementen einer Menge zusammengesetzt sein kann. Die Teilmenge, die kein Element enthält, wird immer leere Menge genannt, und die, die alle Elemente einer Menge umfaßt, wird als unechte Teilmenge bezeichnet. Die anderen Teilmengen einer Menge sind die echten Teilmengen.

Jede Menge, die ein oder mehrere Elemente enthält, wäre ein geeigneter Anfangspunkt für Cantors Stufen-Argument. Zum Beispiel wird mit einer Menge von zwei Elementen (A, B) eine Menge mit vier Elementen festgelegt (A, B, AB und die leere

Menge). Eine Menge von vier Elementen (A, B, C, D) definiert eine Menge mit 16 Elementen (A, B, C, D, AB, AC, AD, BC, BD, CD, ABC, ABD, ACD, BCD, ABCD und die leere Menge) und so weiter.

Wir können sogar die exakten numerischen Sprünge zwischen den Cantorschen Stufen vorhersagen, indem wir eine einfache Formel benutzen, die zu seiner Zeit bereits bekannt war. Aufgrund dieser Formel beträgt die Zahl von Teilmengen, die wir aus einer endlichen Menge, die x Elemente umfaßt, erzeugen können, »2 mit sich selbst xmal multipliziert«. In Symbolen wird der Ausdruck in Anführungsstrichen gewöhnlich als 2^x geschrieben. In dieser Weise hat eine Menge mit zwei Elementen in Symbolen 2^2 (das heißt vier) Teilmengen und eine Menge mit vier Elementen hat 2^4 (16) Teilmengen.

Wenn Cantor an dieser Stelle aufgehört hätte, seine Stufen zu definieren, hätte er uns ein wohlorganisiertes, rationales Rezept zur Verfügung gestellt, zu einer unendlichen Menge zu kommen, ohne sie notwendigerweise auch zu erreichen. Seine Arbeit wäre bei denen beliebt geworden, die damals und auch heute argumentieren, daß mit Unendlichkeit ein endloser Vorgang und nicht etwas Gegebenes, mit einem Etikett versehenes gemeint ist. Tatsächlich aber setzte Cantor seinen Weg fort und postulierte die Existenz einer wahrhaftig unendlichen Menge.

Nebenbei zog Cantor als definitives Beispiel einer unendlichen Menge die natürlichen Zahlen 1, 2, 3, 4 usw. heran, um die prinzipielle Rolle der Zahlen in seinem logischen Grundgerüst zu verdeutlichen. In anderen Worten, in seiner Theorie werden die natürlichen Zahlen nicht wie eine unbegrenzte Folge, ein Verb, sondern als eine tatsächlich unendliche Menge, ein Substantiv, behandelt. Es war, als ob Cantor in seinem Verständnis der Unendlichkeit von einem Bild aus einer Zeile eines Gedichts von William Blake inspiriert war: »... die Unendlichkeit in deiner Hand halten«.

Im Verlauf seiner eigenen poetischen Träumereien zum Unendlichkeitsproblem sprach Cantor nicht nur von der Existenz einer unendlichen Menge, er beschrieb sie auch paradoxerweise als die einzig vorstellbare Menge, die zu Teilen von sich selbst äquivalent sein kann.

Um diese Beschreibung zu illustrieren, wandte Cantor sich wieder den natürlichen Zahlen zu. »Bedenken Sie«, sagte er, »daß jede zweite Zahl in der unendlichen Menge von natürlichen Zahlen gerade ist.« Sie könnten jetzt vermuten, daß die

Menge der geraden Zahlen, obwohl unendlich, nur halb so groß wie die unendliche Menge der natürlichen Zahlen ist. Solch eine Vermutung entspricht der Logik unserer alltäglichen, endlichen Räume, in denen das Ganze der Summe aller seiner Teile äquivalent ist. Wenn wir hingegen Cantors Definition der Äquivalenz folgen, ist die unendliche Menge der natürlichen Zahlen exakt der unendlichen Menge der geraden Zahlen äquivalent.

Cantor konnte die Äquivalenz natürlich nicht beweisen, indem er buchstäblich jede gerade Zahl mit jeder natürlichen Zahl paarte. Aber er behauptete in einem indirekten Beweis, daß es unvorstellbar wäre, wie eine solche Paarbildung einen Überschuß von einer der beiden Zahlensorten übriglassen könnte, da doch jede Zahlenmenge unerschöpfbar sei. Für ihn, wenn nicht für viele seiner Zeitgenossen, war der Widerspruch, daß ein Ganzes einem seiner Teile gleich sein konnte, eine unvermeidliche Eigenschaft des Reichs der Unendlichkeit. Zumindest war dies ein Widerspruch, der seine Vorstellungskraft nicht daran hinderte, weiter fortzuschreiten, jenseits der unendlichen Mengen.

Gerade so wie er die endlichen Mengen benutzt, um Stufen zur Unendlichkeit zu definieren, setzte Cantor jetzt unendliche Mengen ein, um Stufen über die Unendlichkeit hinaus festzulegen. Seine Logik war genau dieselbe wie zuvor – die Existenz einer unendlichen Menge läßt auf die Existenz einer anderen, größeren Menge schließen, die wiederum die Existenz einer weiteren, noch größeren Menge nach sich zieht und in unendlicher Weise so fort. Auf jeder Stufe ist die größere unendliche Menge aus allen vorstellbaren Teilmengen der unendlichen Menge davor zusammengesetzt. Wir können sogar genau die numerischen Sprünge zwischen Cantors unendlichen Stufen mit derselben Formel wie zuvor angeben. Wir benötigen nur einige neue Symbole.

Um die Zahl der Elemente in einer »einfachen« unendlichen Menge zu bezeichnen, erfand Cantor das Symbol $\aleph_0$ (ausgesprochen »aleph null«), zusammengesetzt aus dem ersten Buchstaben des hebräischen Alphabets und einer angehängten 0. Entsprechend unserer Formel hat dann eine $\aleph_0$ Menge wie die Menge der natürlichen Zahlen genau $2^{\aleph_0}$ vorstellbare Teilmengen. Dies ist eine Zahl – 2 mit sich selbst $\aleph_0$ mal multipliziert –, die größer ist als $\aleph_0$, so wie 2^4 (sechzehn) größer ist als 4. Dies ist die erste Stufe über die Unendlichkeit hinaus, die erste transfinite Zahl, die von Cantor $\aleph_1$ (ausgesprochen »aleph eins«)

genannt wurde. Eine Menge mit $\aleph_1$ Elementen wiederum hat $2^{\aleph_1}$ vorstellbare Teilmengen. Dies ist die zweite Stufe, die zweite transfinite Zahl $\aleph_2$, und so weiter.

Gemessen an vorstellbaren Vergleichswerten ist eine transfinite Zahl phantastisch, absurd groß. Es gibt ungefähr zehn Milliarden (10000000000) Sterne in der Milchstraße, über sechzig Billionen Zellen im menschlichen Körper (60000000000000) und über dreihundert Billiarden (300000000000000000) Sekunden im Alter des Universums. Die geschätzte Zahl von Protonen im Universum, eine der größten Zahlen in der Natur, wird geschrieben als eine 1, gefolgt von 79 Nullen. Wenn es zum Vergleich möglich wäre, die nullte transfinite Zahl, $\aleph_0$, auszuschreiben, wäre das eine 1, gefolgt von unendlich vielen Nullen. Die transfinite Zahl $\aleph_1$ wäre eine 1, gefolgt von mehr als unendlich vielen Nullen. Deshalb ist es nicht verwunderlich, daß die Folge der transfiniten Zahlen ($\aleph_0$, $\aleph_1$, $\aleph_2$, $\aleph_3$, ...) Cantor und anderen so unbegrenzt erschien wie der von Immanuel Kant beschriebene Kosmos:

»Es ist natürlich, die (nebelhaften) Sterne als ... Systeme von Sternen aufzufassen. Sie sind ebenfalls Universen. Man könnte weiter vermuten, daß sie (alle zusammen) wiederum ein noch größeres System bilden ..., das, vielleicht wie die vorhergehenden, auch nur wieder ein Mitglied einer neuen Zusammenstellung von Mitgliedern ist! Wir (auf der Erde) sehen (nur) die ersten Mitglieder einer zunehmenden Mitgliedschaft von Welten und Systemen; und der erste Teil dieser unendlichen Progression erlaubt uns zu erkennen, was vom Ganzen nur vermutet werden kann. Es gibt kein Ende ...«

Im Jahre 1874 veröffentlichte Cantor das Stufenargument, das ihn von endlichen Mengen zu unendlichen Mengen und darüber hinaus geführt hatte. Zu Beginn wurde er von vielen Mathematikern angezweifelt. Einige von ihnen lehnten seine Ergebnisse rundweg ab, weil sie nicht mit der Platonischen Idee der Unendlichkeit als der eines Substantivs einverstanden waren. Andere hatten das Gefühl, daß Cantor sein Argument nicht bis zum logischen Schluß geführt hatte.

Um logisch stimmig zu sein, argumentierten sie, hätte er die Folge der transfiniten Zahlen so behandeln müssen wie die Folge der natürlichen Zahlen – und damit den Schluß auf die Existenz einer tatsächlich aleph unendlichen ($\aleph_\infty$) Menge vollziehen müssen. Mit einer solchen Menge könnte er dann seine Argumentation wiederholen, um eine gänzlich neue Folge von größer-als-$\aleph_\infty$ oder trans-transfiniten Mengen zu definieren. Man könnte sie nach dem zweiten hebräischen Buchstaben ב (beth) benennen, so daß die neue Folge $\beth_0$, $\beth_1$, $\beth_2$ usw. lauten würde. Damit die logische Stimmigkeit weiterhin gewährleistet wäre, sagten diese Mathematiker, könnte Cantor diese Folge bis zu einer beth-unendlichen Menge ($\beth_\infty$) fortsetzen, und die Argumentation immer weiter wiederholen.

Obwohl Cantor von dieser Kritik niemals überzeugt war, gibt es heutzutage Mathematiker, die von einem »absolut Unendlichen« sprechen. Sie bezeichnen es mit dem letzten Buchstaben des griechischen Alphabets, omega (ω), und schreiben ihm die größte vorstellbare Unendlichkeit zu. Aufgrund dieser Definition ist es eine Unendlichkeit, die wir niemals visualisieren können; wenn wir es könnten, wäre es vermutlich ein leichtes, eine Unendlichkeit zu visualisieren, die etwas größer ist. Das ω der Mathematiker ist eine Bezeichnung für etwas, das wir niemals voll erfassen können, und in dieser Hinsicht ist es nicht weit entfernt von dem Gott, den der Heilige Gregor für uns beschrieben hat: »Gleich wie weit unser Verstand im Nachdenken über Gott vorangekommen sein mag, es hat nichts mit dem zu tun, was er ist, sondern nur mit dem, was unter Ihm ist.«

Sogar ohne das ω fand die Cantorsche Mengentheorie schließlich die Anerkennung der mathematischen Gemeinde. David Hilbert, einer der bedeutendsten Mathematiker um die Jahrhundertwende, feierte Cantors Werk im Jahre 1910 als »die bewundernswürdigste Blume des mathematischen Intellekts und eine der größten Leistungen der rationalen menschlichen Aktivität«. In ähnlicher Weise lobte der englische Mathematiker und Philosoph Bertrand Russell Cantors Leistungen als »wahrscheinlich die größte, der sich ein Zeitalter rühmen kann«.

Einer der Hauptgründe für das Lob damals und heute liegt darin, daß wir durch die Verwendung von Cantors Vorstellungen zur Menge und zur Äquivalenz auf einfache Weise in der Lage sind, Unendlichkeiten zu vergleichen und zu unterscheiden, die früheren Generationen nur eines zu sein schienen: unvorstellbar groß. Es scheint so, als ob wir durch das Denken in Begriffen der Mengentheorie die Reichweite unserer Vorstellungskraft, unserer Perspektive, unendlich weit ausdehnen können. Und die Ergebnisse haben uns zum größten Teil die Augen unerwartet geöffnet.

Die erste Überraschung, die von Cantor entdeckt wurde, besteht darin, daß die unendliche Menge der natürlichen Zahlen der Menge der Brüche äquivalent ist. Von einem normalen Standpunkt aus sollte dies nicht der Fall sein. Wenn wir auf die Kante eines Lineals schauen, sehen wir, daß zwischen zwei natürlichen Zahlen Raum für unendlich viele Brüche ist; aus diesem Grund scheint es unendlich viel mehr Brüche als natürliche Zahlen zu geben. Ungeachtet dieses Eindrucks bewies Cantor, daß jeder vorstellbare Bruch numerisch mit einer natürlichen Zahl versehen werden kann. Da es $\aleph_0$ natürliche Zahlen gibt, bedeutet Cantors Beweis, daß ebenfalls $\aleph_0$ Brüche vorhanden sind.

Cantor bewies ebenfalls, daß die Menge der irrationalen Zahlen (Dezimalzahlen, die nicht als Brüche oder ganze Zahlen geschrieben werden können) größer als die Menge der natürlichen Zahlen oder Brüche ist. Wiederum, von einem konventionellen Standpunkt aus gesehen, scheint genau das Gegenteil zuzutreffen. Mit dem Blick auf die Kante eines Lineals können wir uns keinen Weg vorstellen, wie man noch Platz zwischen den unendlich vielen Brüchen für eine irrationale Zahl, geschweige denn mehr, schaffen könnte. Und dennoch, nach Cantors Beweis, hausen zwischen zwei unendlich nahen Brüchen – Brüchen, die unmittelbar benachbart sind – unendlich viele irrationale Zahlen; so viele, daß ihre totale Gesamtheit die zusammengefaßten Populationen von Brüchen und natürlichen Zahlen übertrifft.

Wie dieses Ergebnis, wird auch der Beweis selbst von den meisten Mathematikern als höchst bemerkenswert gesehen, allein schon aufgrund der Geschicktheit. Cantor begann seine Begründung damit, daß er sich die irrationalen Zahlen in Form einer Kolumne (ohne besondere Reihenfolge) untereinander angeordnet vorstellte:

0,17643567 . . .
0,23482435 . . .
0,62346286 . . .

und so weiter. Die Verwendung der Forsetzungspunkte ist notwendig, weil jede irrationale Zahl aufgrund der Definition eine unendlich lange Folge von zufälligen Ziffern ist.

Als nächstes stellte Cantor sich vor, daß jede irrationale Zahl, jede Zeile der unendlichen Kolumne, mit einer natürlichen Zahl, beginnend mit 1, versehen ist:

1,17643567 . . .
2,23482435 . . .
3,62346286 . . .

An diesem Punkt seiner Argumentation wollte Cantor feststellen, ob eine solche Anordnung die natürlichen Zahlen und die irrationalen Zahlen in gleicher Weise ausschöpfte. Wenn dies der Fall wäre, hätte er gewußt, daß die irrationalen Zahlen, wie die natürlichen Zahlen, in der Anzahl $\aleph_0$ vorliegen. Cantor bewies jedoch, daß dies nicht zutrifft. Er entdeckte, daß mindestens eine irrationale Zahl aus einer solchen Anordnung immer ausgeschlossen und somit nicht mit einer natürlichen Zahl versehen ist.

Es ist ein Trick, der zum Auffinden dieser irrationalen Zahl führt. Beginnen Sie damit, daß Sie die erste Ziffer der ersten irrationalen Zahl nehmen, dann die zweite Ziffer der zweiten irrationalen Zahl, und so weiter. Sie enden mit der irrationalen Zahl .133 ... Als nächstes ändern Sie jede Ziffer willkürlich, so daß Sie zum Beispiel nun die irrationale Zahl .245 ... bekommen. Genau dies ist der Trick. Dies ist eine irrationale Zahl, die durch das Konstruktionsverfahren sich in der ersten Ziffer von der ersten irrationalen Zahl und so fort in der Kolumne unterscheidet. Kurz, damit haben Sie eine irrationale Zahl, die sich von allen anderen mit einer natürlichen Zahl versehenen in der Kolumne unterscheidet, womit bewiesen ist, daß es mehr irrationale Zahlen als natürliche Zahlen gibt.

Damit ist ebenfalls bewiesen, daß Sie die irrationalen Zahlen nicht in der Weise durchzählen können wie die natürlichen Zahlen. Es gibt mehr von ihnen als natürliche Zahlen und deshalb mehr, als Sie zählen könnten. Als Cantor dies als eine Konsequenz seines Beweises erkannte, kennzeichnete er den qualitativen Unterschied zwischen den beiden Unendlichkeiten dadurch, daß er die natürlichen Zahlen (und die Brüche aufgrund der gleichen Anzahl wie die natürlichen Zahlen) als abzählbare Unendlichkeit und die irrationalen Zahlen als ein Kontinuum oder eine nichtabzählbare Unendlichkeit bezeichnete.

Es war leichter für Cantor, den qualitativen Unterschied zu benennen, als den exakten quantitativen Unterschied zwischen den Gesamtheiten der natürlichen und der irrationalen Zahlen anzugeben. Bis heute wissen wir nicht genau, wieviele irrationale Zahlen es gibt, obwohl es feststeht, daß es nicht mehr als $\aleph_1$ sein können. Cantor selbst vermutete, daß die Anzahl der irrationalen Zahlen genau $\aleph_1$ beträgt, hauptsächlich weil $\aleph_1$ die nächstgrößte Unendlichkeit nach $\aleph_0$ gemäß der Mengentheorie ist. Seine Vermutung wurde bekannt unter dem Namen Kontinuum-Hypothese. Aber es gibt immer noch die bisher nicht ausgeräumte Möglichkeit, daß die Anzahl der irrationalen irgendwo zwischen $\aleph_0$ und $\aleph_1$ liegt. Offensichtlich ist unsere Vorstellungskraft, auch wenn wir von der Mengentheorie Gebrauch machen, nicht so scharfsinnig ausgebildet, daß wir derart feine Unterschiede zu treffen vermögen und die Kontinuum-Hypothese als wahr oder falsch ausweisen können.

Cantor wandte seine Vorstellungen von Menge und Äquivalenz nicht nur auf arithmetische Zahlen an, sondern auch auf geometrische Punkte, und erhielt dabei Ergebnisse, die sogar ihn überraschten. Er hatte einen einfachen Vergleich zwischen den Gesamtheiten der Punkte in Räumen mit verschiedenen Dimensionen beabsichtigt, von der 1-D-Geraden zur 2-D-Ebene, zum 3-D-Volumen und so weiter. Und er hatte dabei erwartet – oder gehofft –, daß seine alephs die verschiedenen Gesamtheiten in einer einfachen Weise unterscheiden könnten, etwa in der Weise, daß ein Raum mit x Dimensionen $\aleph_x$ Punkte enthält. Was er jedoch dann bewies, war, daß die Zahl der Punkte in den verschiedenen Räumen, unabhängig von der Dimension, immer dieselbe ist.

Er zeigte, daß die Punkte auf einer Geraden numerisch mit den Punkten einer Ebene Paare bilden, die letzteren können wiederum mit den Punkten eines Volumens gepaart werden und so fort. Wenn man sich vorstellt, daß geometrische Punkte Ton seien, dann hat Cantor gezeigt, daß man aus Tonklumpen gleicher Größe Behälter in den verschiedensten Dimensionen formen kann. Der einzige Vorbehalt bei dieser Entdekkung betrifft die wirkliche Zahl der Punkte, von denen hier gesprochen wird. Sie ist genauso ungewiß wie die Anzahl der irrationalen Zahlen.

Dies ist keine zufällige Übereinstimmung. Die Anzahl von Punkten auf einer Geraden steht in direktem Zusammenhang mit der Anzahl der irrationalen Zahlen über die Zahlengerade. Eine Zahlengerade, die wie die Kante eines Lineals aussieht, ist nichts mehr als eine Gerade, deren Punkte mit Zahlen versehen sind – natürlichen Zahlen, Brüchen und irrationalen Zahlen. Wenn wir nicht genau wissen, wieviele irrationale Zahlen da sind, können wir nicht angeben, wieviele Punkte insgesamt vorhanden sind. Alles, was wir konsequenterweise bis jetzt sagen können, ist, daß die Anahl von Punkten in einem Raum mit beliebigen Dimensionen immer dieselbe und immer größer als die Gesamtheit der natürlichen Zahlen und immer der Gesamtheit der irrationalen Zahlen äquivalent ist.

Cantor wies ebenfalls nach, daß die Gesamtheit der Punkte immer gleich bleibt, unabhängig von der Größe eines Raumes; es gibt genau soviele Punkte auf dieser 2- D- Seite wie auf allen Seiten dieses Buches und im gesamten 4- D- Universum. Wäre den mittelalterlichen Philosophen das Werk Cantors bekannt gewesen, hätten sie gewußt, daß man so viele punktgroße Engel auf einem flachen Nadelkopf, einer winzigen 2- D- Scheibe, beherbergen kann wie im ganzen Himmel, vermutlich ein Raum von unbegrenzter Dimension und Größe.

Solch einfallsreiche und rationale Mitteilungen über die Unendlichkeit, wie sie uns von Cantor und anderen Mathematikern vor ihm geliefert wurden, machen uns nicht nur einen Kopf größer als den Buschmann, der nur mit seinen Fingern zählen konnte. Sie verbessern auch unser subjektives Verhältnis zum physikalischen Universum. Vor nicht allzu langer Zeit – das heißt, vor nicht mehr als einigen tausend Jahren – hatten wir keine Zahl, die groß genug war, die Zahl der Sandkörner auf allen Stränden der Erde auszudrücken. Sie war unendlich groß, genauso wie die Distanz zu den Sternen. Dann entwickelte der Mathematiker Archimedes eine numerische Schreibweise, mit der er gigantische Größenordnungen darstellen konnte. Mit seinem Zahlensystem, das ein Vorgänger unseres modernen Dezimalsystems war, konnte Archimedes in Hunderten Myriaden, Myriaden von Myriaden und Myriaden von Myriaden von Myriaden rechnen. In seiner Abhandlung ›Sandrechnung‹ berechnete er zum ersten Mal in der Geschichte der Menschheit die Anzahl der Sandkörner aller Strände der Welt. Noch wichtiger war seine Schätzung, daß »die Zahl der Sandkörner, die in einer Kugel von der Größe unseres ›Universums‹ enthalten wäre, kleiner ist als 1000 Einheiten der siebten Ordnung der Zahlen« – was wir heute als 10^{52}, oder eine 1 mit 52 Nullen schreiben würden.

Dies war höchstwahrscheinlich das erste Mal, daß jemand die Worte »kleiner als« in der Beschreibung des Universums benutzte. Gewiß war es nicht das letzte Mal. Denn zwischen damals und heute stieg ein Mathematiker nach dem anderen mit der Kraft der menschlichen Vorstellung empor, um eine Aussicht zu erhaschen, die den menschlichen Sinnen unzugänglich ist.

Wir sind damit Wesen, die zugleich endlich und unendlich sind, in dem Sinn, daß unser körperliches Selbst ein Gefangener eines endlichen Reiches ist, unser vorstellungsmächtiges Selbst jedoch nicht. Seit Cantors Träumereien ist ein Teil von uns sogar von den weiten Grenzen der Archimedischen Myriaden befreit, und nun wandern wir frei jenseits der einfachen Unendlichkeit des berechenbaren Universums.

Natürliche Unendlichkeiten
Singuläre Ideen

> Die Welt in einem Sandkorn sehen
> Und den Himmel in einer Feldblume;
> Halte die Unendlichkeit in deiner Hand
> Und die Ewigkeit in einer Stunde
> (William Blake, Auguries of Innocence)

In der Mathematik ist Unendlichkeit der Name für etwas, das größer ist, als unser Verstand es sich vorstellen kann. Aus diesem Grund hat es immer viele Mathematiker gegeben, die sich weigerten, über die Unendlichkeit in Form eines eindeutigen Etwas nachzudenken; für sie bezeichnete die Unendlichkeit ein unvollständiges und weniger ein vollständiges Konzept. Sie zogen es vor, über das Unendliche als einer nicht endenden Folge von eindeutigen Dingen nachzudenken, die wir uns vorstellen können, wie die Folge von natürlichen Zahlen 1, 2, 3 und so fort.

Für andere Mathematiker bezeichnet Unendlichkeit ein Konzept, das vollständig und klar ist. Zu denen, die dies glaubten – zum großen Vorteil der Mathematik – gehörte Georg Cantor. Vor über hundert Jahren entwickelte Cantor, wie wir im vorhergehenden Kapitel gesehen haben, eine höchst einflußreiche Theorie der modernen Mathematik, Mengentheorie genannt, in der er annahm, daß Unendlichkeit etwas ist, das in rationaler Weise als ein abgeschlossenes Konzept behandelt werden kann.

In dieser alten und anhaltenden Uneinigkeit wird die Frage gestellt, ob Naturwissenschaftler Beweise für die Existenz einer eindeutigen und abgeschlossenen Unendlichkeit in der Natur vorlegen können. Wenn sie es könnten, wären solche Beweise für die Mathematiker wenigstens eine physikalische Rechtfertigung, die begriffliche Existenz einer ausdrücklichen Unendlichkeit zu postulieren. Falls nicht, hätten vielleicht die Mathematiker recht, die argumentieren, daß wir keinen Grund haben, die Unendlichkeit als eine vollständige Entität zu begreifen.

Tatsächlich gibt es eine Vielzahl von Belegen, alte und neue, in den Naturwissenschaften, die die Behauptung, daß die Unendlichkeit als vollständiges und eindeutiges Konzept existiert, stützen. Ich spreche hier nicht von der scheinbaren Unendlichkeit des Kosmos, sondern von Beweisen für Unendlichkeiten, die hinreichend umschrieben oder lokalisierbar sind, um als vollständige und klare Gegenstände verstanden zu werden. Der Kosmos ist gerade ein Beleg für das Gegenteil – daß Unendlichkeit eine nichtendende Folge ist, ein Ganzes, das wir uns nicht vorstellen, viel weniger noch wissenschaftlich beobachten können.

Eine der am längsten bekannten Verkörperungen eines lokalisierten Unendlichen ist das vertraute Elektron. Es wurde zwar erst 1897 zum ersten Mal im Labor isoliert, jedoch schon um 600 v. Chr. spekulierte der ionische Mathematiker und Naturwissenschaftler Thales über winzige Teilchen, die eine elektrische Kraft aussenden. (Er war einer der ersten, der die elektrostatische Anziehung, die durch das Reiben eines Bernsteinstabes mit Schafwolle entsteht, untersuchte.) Im 18. Jahrhundert wurden Ergebnisse von Experimenten mit elektrostatisch geladenen Kugeln bekannt, die zeigten, daß die elektrische Kraft eines Elektrons abnimmt, wenn der Abstand zu diesem punktgroßen Teilchen größer wird. Die eindeutigsten Versuche dieser Art wurden von dem französischen Ingenieur Charles Coulomb durchgeführt. Im Jahre 1785 fand er, daß die Stärke des elektrischen Feldes um den Faktor 4 abnimmt, wenn wir die Entfernung zum Elektron um den Faktor 2 vergrößern.

Die einfache, aber erschreckende Schlußfolgerung aus dem Coulombschen Gesetz, wie es später genannt wurde, besagt, daß die elektrische Kraft stärker wird, wenn wir uns dem Elektron nähern; wenn wir die Distanz zum Elektron halbieren, vervierfacht sich die elektrische Kraft. Wenn wir uns buchstäblich auf dem Elektron befinden, ist die elektrische Kraft unendlich groß, die Verkörperung einer mathematischen Unendlichkeit. Und weil die Unendlichkeit nicht unendlich ausgedehnt, sondern vielmehr auf einen einzelnen Punkt beschränkt ist, ist das Elektron in der Tat eine lokale Unendlichkeit – und dabei eine transportable, da Elektronen sich frei bewegen können.

Unglücklicherweise müssen wir uns damit zufrieden geben, diese körperlichen Unendlichkeiten durch die elektronischen Sinne naturwissenschaftlicher Instrumente, wie Geigerzähler und Nebelkammern, wahrzunehmen, da unsere Sinnesorgane nicht dafür ausgerüstet sind, sie direkt zu sehen. (Die Instrumente zwitschern nur oder blitzen nur auf in der Gegenwart eines Elektrons, und ich kann es kaum glauben, daß dieser schwache Widerhall ein zutreffender Indikator dafür ist, wie lokale Unendlichkeiten wirklich aussehen müssen!)

Es gibt dagegen ein anderes, bedeutendes Beispiel in der Natur für eine lokale Unendlichkeit, und wir könnten in der Lage sein, es zu sehen. Es ist ein Schwarzes Loch, der ausgebrannte, überdichte Rest eines ehemals aktiven Sterns.

Wenn ein Stern all seinen Brennstoff (der hauptsächlich aus Wasserstoff besteht) verbraucht hat, kühlt sich seine Materie ab und er wird dunkler. Da nun nicht länger ein nach außen gerichteter Druck durch die Verbrennung entsteht, und damit den nach innen gerichteten Druck der Schwerkraft ausgleicht, fällt der Stern unter seinem eigenen Gewicht in sich zusammen. Wenn der Stern nicht zu massiv ist (das heißt, nicht mehr Masse als das Dreifache unserer Sonne), fällt er in sich zusammen, und damit ist der Vorgang beendet. Er hört, bei einem Durchmesser von 20 bis 10000 Kilometern auf, was bedeutet, daß die Masse des Sterns auf einen relativ kleinen Raum konzentriert wird (zum Vergleich: die Sonne hat gegenwärtig einen Durchmesser von ungefähr 1,3 Millionen Kilometern). Die Dichten der Masse solcher toter Sterne, der sogenannten Weißen Zwerge und Neutronensterne, sind deshalb sehr groß; ein Brocken in der Größe eines Zuckerwürfels kann bis zu 100 Tonnen wiegen.

Zur Erinnerung: Dies passiert, wenn der Stern nicht sehr viel Masse hat. Wenn er sehr viel Masse hat, fällt der sterbende Stern – buchstäblich – bis auf einen Punkt zusammen. In solch einem Fall ergibt sich eine unendlich große Dichte, weil alle Masse in einem Raum zusammengepreßt wird, dessen Volumen gleich Null ist.

Dieses unvorstellbare dichte Objekt, diese lokale Unendlichkeit, wird Schwarzes Loch genannt, weil seine Anziehungskraft so groß ist, daß sogar Lichtstrahlen, die in seine Nachbarschaft geraten, in das Loch gezogen werden. Wenn ein Objekt (wie ein ausgesetzter Satellit) zur Erde hin angezogen wird, kann dieses Objekt im Prinzip mit genügend Kraft entkommen; die Flucht von einem Schwarzen Loch weg dagegen ist unmöglich, wenn ein Objekt ihm bereits entgegenstürzt – das heißt, es wäre eine unendlich große Kraft erforderlich, um das Objekt aus einem Schwarzen Loch herauszuziehen.

Gerade weil ein Schwarzes Loch in der näheren Umgebung sich so wie ein unwiderstehlicher Staubsauger verhält, wurde bis vor kurzem angenommen, daß ein Schwarzes Loch, aus der Distanz betrachtet, genau so aussieht – ein schwarzes Loch; wir hätten keine Möglichkeit, den Punkt der unendlichen

Dichte selbst zu sehen, da er sich im Mittelpunkt der undurchsichtigen Region befindet. Kein Licht, das von der lokalen Unendlichkeit ausgestrahlt würde, so wurde angenommen, wäre in der Lage, zu entkommen und unsere Augen zu erreichen.

Einige Astronomen haben in den letzten Jahren jedoch Theorien entwickelt, daß ein Schwarzes Loch bei ausreichend schneller Drehung seine Undurchdringlichkeit aufhellt, und wir es dann sehen könnten. Die lokale Unendlichkeit innerhalb des Schwarzen Lochs würde dabei enthüllt, und es besteht sogar die Möglichkeit, daß es große Strahlungsmengen aussenden würde, wie ein kosmisches Feuerrad.

Dies wäre eine seltene Chance für uns, eine lokale Unendlichkeit zu sehen, aber es sind immer noch einige Fragen zu dieser Theorie offen. Bis jetzt behauptet nur ein Physiker (Joseph Weber in den USA), eine solche Strahlung aus dem Zentrum unserer Galaxie beobachtet zu haben, die wir von einem sich drehenden Schwarzen Loch erwarten würden. Andere Wissenschaftler dagegen, die nach dieser Strahlung Ausschau gehalten haben, waren bisher nicht in der Lage, sie zu entdecken. Die Ungereimtheiten, drehende Schwarze Löcher betreffend, sind noch nicht aufgeklärt.

Die meisten Astronomen sind überzeugt, daß sie von den »normalen« Schwarzen Löchern einige unter den Sternen lokalisiert haben. Die Astronomen sind besonders sicher, daß eines sich im Sternbild des Schwan (Cygnus) zusammen in einer Art Tandem mit einem normalen Stern befindet. Die Untersuchung der sprunghaften Bewegungen des normalen Sterns lassen auf die Anwesenheit eines nahen Objekts mit großer Masse schließen. Als die Astronomen jedoch nach diesem Objekt suchten, konnten sie es nicht finden. Daraus zogen sie die Schlußfolgerung, daß dieser unsichtbare Begleiter des normalen Sterns ein Schwarzes Loch ist, und sie bezeichneten es mit Cygnus X-1.

Es wurden kürzlich auch normale Schwarze Löcher vorhergesagt, die kleiner sind als ursprünglich erwartet und vielleicht schon gesehen wurden. Diese in Dunkelheit gehüllten lokalen Unendlichkeiten können nach den Aussagen der modernen Astronomie so klein wie ein Atomkern sein – ungefähr 0,0000000000001 cm Durchmesser – und sich so frei bewegen wie Elektronen. Diese Schwarzen Löcher im Kleinformat sollen vor 10 Milliarden Jahren entstanden sein, als das Universum sich im Säuglingsalter befand und, so wird vermutet, ungeheure Drücke und Temperaturen herrschten. Obwohl sie winzig sind, enthalten sie dennoch beträchtliche Masse (sie haben typischerweise die Masse eines Eisbergs) und können so beträchtlichen Schaden verursachen, wenn sie mit irgend etwas zusammenstoßen.

Seit die Schwarzen Löcher in Kleinformat von den Astronomen diskutiert werden, wird die mysteriöse Explosion von 1908 im Gebiet der Tunguskaflüsse, Zentral-Sibirien, der Kollision mit einem dieser uralten Weltraumfahrer zugeschrieben. Einwohner von Tunguska aus dieser Zeit berichteten, einen Feuerball gesehen zu haben, der aus dem Himmel kam; dieser Feuerball war so hell, daß »das Licht der Sonne daneben dunkel zu sein schien«. Man kann natürlich nicht sicher sein, was dort tatsächlich passierte, aber ein Zusammenstoß mit einem kleinen Schwarzen Loch hätte eine beträchtliche Energie freigesetzt – wie Berechnungen gezeigt haben, vergleichbar der Energie einer kleinen Atombombe.

Lokale Unendlichkeiten wie das Elektron und das Schwarze Loch werden von Naturwissenschaftlern Singularitäten genannt. Sie sind, wie wir gesehen haben, Punkte im Raum (in einigen Fällen auch in der Zeit), in denen eine physikalische Größe unendlich groß ist. Ihr Vorhandensein schwächt die Argumentation, daß es keinen rationalen Grund gibt, über die Unendlichkeit zu sprechen, als wäre sie ein abgeschlossener und eindeutiger Gegenstand. Eine Singularität ist eine Unendlichkeit, die Sie im Prinzip in der Hand halten können – im Falle der Elektronen existieren Billionen und Billionen in der Haut Ihrer Hand.

Weil sie physisch existieren, scheint es nicht ungerechtfertigt zu sein, ihre Existenz auf begrifflicher Ebene in der Mathematik zu verteidigen. Damit soll nicht gesagt werden, daß wir mit der Anerkennung von physikalischen Singularitäten nun eher in der Lage wären, uns die Größe der Unendlichkeit vorzustellen; aber als ein Ergebnis können wir eher vertreten, von einer solchen Ausgedehntheit als einem ganzen Wesen mit eindeutigen Begrenzungen zu sprechen, und es weniger als eine sich immer weiter ausdehnende Front ohne klar definierte Begrenzungen zu begreifen.

Aber selbst wenn Naturwissenschaftler keine Beweise für Singularitäten wie Elektronen und Schwarze Löcher hätten, gibt es noch einen weiteren, bedeutenden Beleg, der für die Unendlichkeit als einem abgeschlossenen und eindeutigen Gegenstand spricht, ein Beleg, der schon immer vorhanden war, seit wir über die Unendlichkeit nachdenken, sie mit Namen versehen haben und begannen, ihre Feinstruktur zu erörtern. Der älteste Beweis für eine voll abgeschlossene Unendlichkeit ist der Verstand selbst. Denn der Verstand ist mindestens ebenso singulär wie ein Elektron oder ein Schwarzes Loch, obwohl er in einem Raum untergebracht ist, der relativ groß ist im Vergleich zu den physikalischen Singularitäten.

Anwenden abstrakter Mathematik
Die Realität erfinden

> Jener Diener aller Diener, die Imagination, trägt das unentdeckte Universum zusammen, wie Juwelen in einer Japsisschale.
> (John Davidson, There Is a Dish to Hold the Sea)

Der griechische Philosoph Plato war überzeugt, daß alles Vorstellbare irgendwo im Universum existiert. Viele gebildete Europäer des 18. Jahrhunderts, auch der englische Philosoph John Locke, waren dieser Ansicht. Aufgrund dieser Ansicht glaubten sie die Berichte über Nixen und andere Wunderlichkeiten der menschlichen Vorstellungskraft. Diese Vorstellung – wenn etwas existieren kann, muß es auch existieren – ist als das Prinzip der Fülle bekannt.

Dieses Prinzip heute auf die Gegenstände unserer allgemeinen Imagination anzuwenden, ist von zweifelhaftem Wert, aber es trifft zu, wenn es auf die Gegenstände der mathematischen Imagination angewendet wird – und viele von ihnen sind so außergewöhnlich wie es auch die Nixen sein mögen. Das Prinzip wurde in jedem Zweig der Mathematik vertreten, aber in keinem deutlicher als in der Algebra (der Untersuchung der arithmetischen Beziehungen zwischen Zahlen). Jedesmal in den letzten vier Jahrhunderten, wenn Algebraiker einer neuen bizarren Zahlenart begegneten, entdeckten Naturwissenschaftler, daß sie auf etwas Reales angewandt werden konnte. Dieser für das Prinzip der Fülle sprechende Beleg ist um so bemerkenswerter, weil in der Mathematik häufig Ideen von spielerischen, einfallsreichen Geistern entwickelt werden, die in erster Linie rational denken wollen und nicht realistisch. So ist die weitverbreitete Übereinstimmung zwischen den erfundenen Welten der Mathematik und der natürlichen Welt nicht das Ergebnis der Absicht von Mathematikern, die Realität zu beschreiben.

In der Algebra verfolgt der Mathematiker die Absicht, alle möglichen Wege zu untersuchen, in denen Zahlen durch die üblichen arithmetischen Operationen der Addition, Subtraktion, Multiplikation und Division miteinander verknüpft werden können. Zum Beispiel konnten Algebraiker bei der Untersuchung von einfachen additiven Zusammenhängen wie 3 + 4

$= 7$ beweisen, daß eine natürliche Zahl, die einer natürlichen Zahl hinzu addiert wird, immer wieder eine natürliche Zahl ergibt. Sie drücken diesen Sachverhalt so aus, daß sie von der »Abgeschlossenheit« der natürlichen Zahlen bezüglich der Addition sprechen; in ihrer abgekürzten Schreibweise notieren sie $x + y = z$, worin die Buchstaben natürliche Zahlen vertreten.

Algebraiker verwenden Buchstaben als Vertreter für Zahlen, weil sie damit eine arithmetische Beziehung exakt ausdrücken können, die für eine ganze Klasse von Zahlen gilt. Wenn alle bis auf einen Buchstaben eines solchen Ausdrucks durch konkrete Zahlen ersetzt werden, wie in $x + 4 = 6$, übernimmt der verbleibende Buchstabe die Rolle einer unbekannten Zahl. Er steht hier für genau die Zahl, die die Gleichung erfüllt, was für die Algebraiker ein zu lösendes Problem darstellt.

Die Gleichung $x + 4 = 6$ ist eine der einfachsten algebraischen Gleichungen, die man sich vorstellen kann; die meisten von uns könnten sie vermutlich im Kopf lösen (die Lösung lautet $x = 2$). Komplexere algebraische Gleichungen sind nicht so einfach zu lösen (zum Beispiel eine ganze Zahl zu finden, die die Gleichung $x^3 + x^2 + 3x + 4 = 96$ erfüllt; die Lösung: $x = 4$). Über Jahre hinweg haben Algebraiker ziemlich viel Zeit verwendet, um Lösungswege herauszufinden.

Im 16. Jahrhundert erkannten Algebraiker nur die Existenz positiver Zahlen an, obwohl sie durch das Lösen von gewissen algebraischen Gleichungen schon lange wußten, daß x manchmal für eine andere Art von Zahlen steht. In der Gleichung $x + 3 = 2$, zum Beispiel, steht x für -1. Aber Minuszahlen – oder negative Zahlen, wie sie jetzt genannt werden – waren für die Algebraiker vor vierhundert Jahren ein Rätsel. Positive Zahlen konnte man sich handfest als Kieselsteine oder Striche auf einem Blatt Papier vorstellen, aber es war schwer, die mathematische Existenz von etwas zu akzeptieren, daß für »weniger als nichts« stand, wie der französische Philosoph und Mathematiker René Descartes beklagte.

Ohne eine logische Möglichkeit, wie man über negative Zahlen nachdenken könnte, ohne ein abstraktes Modell, konnten Algebraiker nicht verstehen, was es bedeutete, negative Zahlen zu addieren, subtrahieren, multiplizieren und dividieren. Aus diesem Grund wurden negative Zahlen nicht als zulässiger Gegenstand algebraischer Untersuchungen wahrgenommen; ihrem Vorhandensein in gewissen algebraischen Gleichungen wurde die gleiche Unbedeutung zugemessen wie der Existenz von sinnlosen Worten in einer Sprache. Erst spät im 18. Jahrhundert lernten Algebraiker, wie die üblichen arithmetischen Operationen auf negative Zahlen, die mit dem Begriff der Schuld verbunden waren, angewandt werden konnten. Wenn zum Beispiel auf Ihrem Bankkonto ein negativer Betrag von 10 Mark vorhanden ist, bedeutet dies, daß Ihr Konto um diesen Betrag überzogen ist. Das Subtrahieren von negativen 10 Mark ist dasselbe wie das Addieren von positiven 10 Mark, wie der Schweizer Mathematiker Leonard Euler im Jahre 1770 bemerkte, »eine Schuld begleichen bezeichnet dasselbe, wie ein Geschenk machen«.

Algebraiker entwickelten auch die Regel, nach der man negative Zahlen multipliziert, die sich leicht an einer alltäglichen Situation illustrieren läßt. Stellen Sie sich zum Beispiel vor, daß es zwei Sorten von Wählern in irgendeiner Wahl gibt: positive und negative. Ein positiver Wähler ist jemand, der tatsächlich eine Stimme abgibt und auf diese Weise einen positiven Einfluß auf die Wahl ausübt. Ein negativer Wähler ist jemand, der wählen darf, aber seine Stimme nicht abgibt; in einer negativen oder indirekten Weise übt ein solcher Wähler auch einen Einfluß auf das Wahlergebnis aus.

Damit Sie verstehen, was dieses Beispiel mit der Regel für die Multiplikation von negativen Zahlen zu tun hat, stellen Sie sich vor, daß eine Stimme, die für einen Vorschlag abgegeben wird, 10 positive Punkte und eine Stimme gegen den Vorschlag 10 negative Punkte wert ist. Es gibt genau zwei Wege, auf denen ein Vorschlag eine Mehrheit erhalten kann: durch die tatsächliche Stimmabgabe eines positiven oder durch die nicht erfolgte Stimmabgabe eines negativen Wählers.

Das erstere verdeutlicht die normale Multiplikation von positiven Zahlen. Das heißt, wenn fünf positive Wähler, die für den Vorschlag sind (+5), ihre Stimme tatsächlich abgeben (mit einem Wert von jeweils 10 Punkten), erhält der Vorschlag insgesamt 50 (5 × 10) positive Punkte.

Der zweite Weg illustriert die normale Multiplikation von negativen Zahlen. Wenn fünf negative Wähler, die gegen den Vorschlag sind (−5), es versäumen, ihre Gegenstimmen (mit jeweils −10 Punkten) abzugeben, hat der Vorschlag auf diese indirekte Weise auch insgesamt 50 (-5 × -10) positive Punkte gewonnen. Dies ist ein Vorteil von 50 Punkten, den der Vorschlag im anderen Fall nicht erlangt hätte.

Kurz gesagt, so wie mit einer positiven Zahl mal einer positiven Zahl, ist das Ergebnis von einer negativen Zahl mal einer negativen Zahl auch immer eine positive Zahl. Diese Regel wird oft die Vorzeichenregel genannt, und von allen algebraischen Regeln scheint diese die Menschen am meisten zu verblüffen. W. H. Auden drückte seinen Ärger über die Vorzeichenregel in nur zwei Zeilen aus:

Minus mal minus gibt plus,
Den Grund dafür man nicht diskutieren muß.

Die Vorzeichenregel ist jedoch nicht geheimnisvoller als die doppelte Verneinung in der Sprache, die den meisten von uns nicht unbekannt ist.

Im Jahr 1930 verwendete der englische Naturwissenschaftler P. A. M.Dirac den Begriff der negativen Zahlen in seinen theoretischen Studien zur Kernphysik und entwickelte die Idee der negativen Materie oder Antimaterie, wie sie heute genannt wird. Dirac sagte die Existenz eines neuen Elementarteilchens voraus, ähnlich einem negativen Elektron. Seiner Theorie nach sollte dieses Teilchen die Masse eines Elektrons haben, aber es sollte eine positive und nicht eine negative elektrische Ladung tragen, und wenn es jemals in die Nachbarschaft eines Elektrons geraten würde, würden beide Teilchen sofort ausgelöscht.

Diese letzte Vorhersage war das ungewöhnlichste Merkmal des Positron, wie es von Dirac genannt wurde; jedoch dies war die Vermutung darüber, was einem normalen Teilchen zustoßen würde, wenn es mit seinem negativen Gegenteil kombiniert werden sollte – so wie die Addition einer negativen Zehn und einer positiven Zehn als Resultat Null ergibt. Diracs Vorhersage wurde 1932 in jeder Hinsicht bestätigt, als der amerikanische Physiker C. D. Anderson die Spuren von Positronen in seiner Nebelkammer identifizierte.

Seit damals ist durch eine Vielzahl von Laborexperimenten die Existenz von Positronen bestätigt worden und dabei sind auch negative Gegenteile zu allen bekannten subnuklearen Teilchen, auch zum Proton und Neutron, gefunden worden. Als Folge dieser Entdeckungen wird die Antimaterie als ein wesentlicher Bestandteil der natürlichen Welt gesehen, so wie die negativen Zahlen im Reich der Algebra. Sie existiert in Hülle und Fülle auf der subnuklearen Ebene; jedoch aus unerklärlichen Gründen ist sie in unserer Umgebung auf der Erde nicht vorhanden. Einige Astronomen spekulieren in diesem Zusammenhang, daß Sterne und Galaxien, die völlig aus Antimaterie bestehen, im gesamten Universum verstreut existieren.

Obwohl naturwissenschaftliche Theorien heute darin übereinstimmen, daß die Antimaterie eine Verkörperung der mathematischen Negativität ist, unterscheiden sie sich in ihren Erklärungen, was an ihr genau negativ ist.

Nach Diracs Theorie hat die Erklärung etwas mit der Energie zu tun. Dirac drückt es so aus, daß das Vorhandensein eines Positrons mit positiver Energie sich physikalisch als die Abwesenheit eines Elektrons mit negativer Energie manifestiert. Positronen sind mit anderen Worten genauso positiv wahrnehmbar, wie das Fehlen jeden Geräusches positiv als Stille gehört wird.

Nach dem amerikanischen Physiker und Nobelpreisträger Richard Feynman hat die Erklärung für die Negativität der Antimaterie etwas mit der Zeit zu tun. Feynman sagt im einzelnen, daß ein Positron, welches sich in der Zeit nach vorne bewegt, das physikalische Äquivalent zu einem Elektron ist, das sich in der Zeit rückwärts bewegt. Hier bedeutet vorwärts eine positive Richtung und rückwärts eine entgegengesetzte, negative Richtung.

Obwohl die Feynmansche Idee einige technische Vorzüge hat, verfügen die Naturwissenschaftler bis heute nicht über empirische Beweise, die eine endgültige Entscheidung zwischen den beiden Theorien zulassen. Nichtsdestotrotz, weil beide Theorien den Begriff der negativen Größe verwenden, kann man zutreffend feststellen, daß Teilchen aus Antimaterie die negativen Zahlen der Mathematiker verkörpern.

Wenn die negativen Zahlen das für die Algebra des 16. Jahrhunderts sind, was Kandinskys Heuhaufen für die Malerei des 19. Jahrhunderts bedeuten, dann sind die sogenannten imaginären Zahlen das für die Algebra des 16. Jahrhunderts, was Picassos Kubismus für die Malerei des 20. Jahrhunderts war. Imaginäre Zahlen sind weder positiv noch negativ. Und dennoch, wie die negativen Zahlen drängten sie sich den Algebraikern auf, indem sie hier und dort als Lösungen in bestimmten algebraischen Gleichungen auftauchten.

Nehmen Sie eine einfache Gleichung wie »x mal x ist gleich 4« ($x \times x = 4$) oder gleichbedeutend »x zum Quadrat ist gleich 4« ($x^2 = 4$). Diese Gleichung ist erfüllt, wenn x die Quadratwurzel von 4 ist, oder 2. Zwei ist eine Zahl, die mit sich selbst multipliziert 4 ergibt. Im Jargon des Algebraikers ist 4 das Quadrat von 2 ($4 = 2^2$), und umgekehrt ist 2 die Quadratwurzel von 4 ($2 = \sqrt{4}$).

Im Ausdruck »x zum Quadrat ist gleich der negativen 1« ($x^2 = -1$) ist die Gleichung erfüllt, wenn x die Quadratwurzel der negativen 1 $\sqrt{-1}$) ist, aber dies ist weder eine positive noch eine negative Zahl. Sie ist nicht positiv, weil eine positive Zahl zum Quadrat immer eine positive Zahl ergibt. Und sie ist nicht negativ, weil (über die Vorzeichenregel) eine negative Zahl zum Quadrat wiederum eine positive Zahl ergibt, und x in der Gleichung ist eine Zahl, die quadriert eine negative Zahl (-1) ist. Deshalb ist das gesuchte x – die Quadratwurzel der negativen 1 – weder eine negative noch eine positive Zahl.

Als die Algebraiker des 16. und 17. Jahrhunderts dies erkannten, wußten sie nicht, was sie von der Zahl $\sqrt{-1}$ denken sollten, außer, daß sie wahrscheinlich ein irrationaler Zufallstreffer war. Descartes nannte die $\sqrt{-1}$ und andere Quadratwurzeln aus negativen Zahlen »imaginär«, und der deutsche Mathematiker Gottfried Leibniz sprach von ihnen »als der wundervollen Bewegung des Heiligen Geistes«.

Diese rätselvollen Anrufungen waren die einzigen Beschreibungen, die den Algebraikern zu jener Zeit zur Verfügung standen, weil sie keinen logischen Weg des Nachdenkens über die imaginären Zahlen sahen. Und ohne eine theoretische Vorstellung zu den imaginären Zahlen konnten sie nicht verstehen, wie man diese nicht greifbaren Größen addierte, subtrahierte, multiplizierte und dividierte. Von diesem Gesichtspunkt aus gab es keinen Grund zu glauben, daß in diesen imaginären Zahlen ein vernünftiger Bestandteil der Algebra zu sehen war.

Es dauerte bis zum Jahr 1797, als der norwegische Landvermesser Casper Wessel einen Weg entdeckte, sie in Begriffe zu fassen, so daß imaginäre Zahlen ihren Platz neben den reellen Zahlen (wie die positiven und negativen Zahlen zusammen genannt wurden) erhielten. Der Schlüssel lag darin, daß man die Existenz der imaginären Zahlen in einer anderen Dimension sah als die reellen Zahlen – in anderen Worten, wenn man sich die reellen Zahlen als Koordinaten für die geographische Länge vorstellte, dann wären die imaginären Zahlen die Koordinaten für die geographische Breite.

Mit diesem einfachen Modell im Sinn konnte Wessel sehen, wie man die Bedeutung der Addition, Subtraktion, Multiplikation und Division erweitern mußte, um die imaginären Zahlen in die Algebra einzubeziehen. Zum Beispiel entspricht die Kombination einer reellen Zahl mit einer imaginären Zahl nicht der Addition zweier reeller Zahlen. Es ist vielmehr der Zusammenstellung einer Längen- und Breitenangabe ähnlich: Das Ergebnis ist keine algebraische Summe, sondern entspricht den Koordinaten eines Punktes auf einer Fläche.

Jeder Punkt auf der Oberfläche der Erde oder auf einer Landkarte ist mit der Angabe der geographischen Länge und Breite festgelegt. So kann nach Wessels begrifflicher Vorstellung, die algebraische Beziehung zwischen reellen und imaginären Zahlen vollständig durch eine landkartenähnliche Fläche beschrieben werden, wo jeder Punkt durch ein Zahlenpaar bezeichnet ist, mit der an einer Breiten- oder einer Vertikalskala gemessenen imaginären Zahl und der an einer Längen- oder Horizontalskala gemessenen reellen Zahl. Wessel nannte diese mathematische Fläche die komplexe Ebene.

Ungefähr hundert Jahre nach Wessels Entdeckung setzten Albert Einstein und seine Zeitgenossen den Begriff der imaginären Zahlen in ihren Untersuchungen zu Raum und Zeit ein. Ein Ergebnis war die Spezielle Relativitätstheorie, in der Raum und Zeit als zwei verschiedene physikalische Dimensionen postuliert werden, die sich wie die Länge und Breite des Universums verhalten. Dies bedeutet, daß ein Punkt im Universum nur dann vollständig festgelegt ist, wenn beide, seine räumlichen und seine zeitlichen Orte, gegeben sind. Zumindest dieser Teil der Theorie entspricht unserer Alltagserfahrung; wenn wir uns mit jemand verabreden, müssen wir einen Ort und eine Zeit festlegen. Nach dieser Theorie ist nur die Landkarte des Universums genau, in der die räumliche (oder Längen-) Dimension an einer Skala der imaginären Zahlen gemessen wird.

Damit wäre das Universum eine physikalische Manifestation der komplexen Ebene der Algebraiker, und jedes Experiment, das zur Prüfung der Theorie durchgeführt wurde, hat diese bestätigt. Seit 1905, als Einstein zum ersten Mal die Spezielle Relativitätstheorie vorstellte, haben Labormessungen bestätigt, daß das Universum ein Ort ist, in dem bewegte Uhren langsamer gehen als ruhende Uhren, und Objekte scheinen in der Richtung zusammenzuschrumpfen, in der sie sich bewegen. Dies sind nach Einstein die verräterischen Spuren eines Universums, das eine Verkörperung der mathematisch komplexen Fläche ist.

Unter Einschluß der imaginären Zahlen ist die traditionelle Algebra – so wie sie seit den Tagen der Ägypter betrieben wird – ein in sich geschlossener Gegenstand: Die positiven, negativen und imaginären Zahlen zusammen bilden eine einzelne algebraische Spezies. Wir können sie die traditionellen Zahlen nennen. Wenn Sie zwei oder mehrere traditionelle Zahlen addieren, subtrahieren, multiplizieren und dividieren, wird das Ergebnis immer eine traditionelle Zahl sein.

Dies soll nicht heißen, daß die Algebra als ein Gegenstand sich nach 1797, als Wessel seine Entdeckung zu den imaginären Zahlen machte, nicht mehr weiterentwickelte. Seit Anfang des 19. Jahrhunderts haben Algebraiker völlig neue algebraische Spezies erfunden, um damit zu spielen, und das Resultat war eine Fülle von abstrakten Algebren, die jede in sich geschlossen ist. In jeder abstrakten Algebra sind die Zahlen der traditionellen Algebra durch abstrakte Zahlen ersetzt worden, deren Beziehung zu den traditionellen Zahlen darin besteht, daß sie in einem logischen Sinn auch in abgeschlossener Weise addiert, subtrahiert, multipliziert und dividiert werden können. Stellen Sie sich für einen Moment vor, daß positive, negative und imaginäre Zahlen sich zu einer algebraischen Spezies wie die verschiedenen menschlichen Rassen zu einer zoologischen Art verhalten. Dann unterscheiden sich die verschiedenen Arten abstrakter Zahlen von den traditionellen Zahlen so wie die Elefanten, Giraffen oder Känguruhs von den Menschen.

Auch wurden seit 1840 von den Algebraikern solche Algebren entwickelt, die über die abstrakten Algebren hinausgehen, die ich »super-abstrakte« algebraische Arten nennen möchte. Bei den traditionellen und abstrakten Zahlen spielt es keine Rolle, in welcher Reihenfolge zwei Zahlen multipliziert werden; die Antwort ist dieselbe in beiden. Zum Beispiel ist $2 \times 3 = 6$ und ebenso ist $3 \times 2 = 6$. Zahlen, die dieser algebraischen Eigenschaft genügen, werden kommutativ genannt. Traditionelle und abstrakte Zahlen sind kommutativ, aber super-abstrakte Zahlen sind es nicht; weil sie einer Eigenschaft von Zahlen nicht gehorchen, die die meisten von uns voraussetzen, sind sie so viel weiter von unserer alltäglichen Erfahrung entfernt.

Wie die traditionellen Zahlen wurden viele abstrakte und super-abstrakte Zahlen erfolgreich für die Beschreibung der Wirklichkeit eingesetzt, so daß das Prinzip der Fülle dabei ist, eine vollendete Tatsache zu werden, soweit die Erfindungen des algebraischen Verstands gemeint sind.

Zum Beispiel hat sich eine super-abstrakte Art von Zahlen, Matrizen genannt, als genau das herausgestellt, was Naturwissenschaftler benötigen, um subatomare Vorgänge zu beschreiben. Die Matrizen wurden gleichzeitig 1860 von den englischen

Mathematikern James J. Sylvester und Arthur Cayley erfunden. Ungefähr sechzig Jahre später benutzte der deutsche Physiker Werner Heisenberg die Matrizen, um eine vollständige Theorie der subatomaren Vorgänge vorzustellen.

Heisenbergs Theorie wurde als die Theorie der Quantenmechanik bekannt, und in den Jahrzehnten seit ihrer Entwicklung sind ihre Vorhersagen in zahlreichen Versuchen geprüft worden, so daß die meisten Naturwissenschaftler von ihrer Glaubwürdigkeit überzeugt sind. Es ist eine Theorie, die eine Vielzahl von revolutionären Thesen über den subatomaren Bereich enthält, wovon jede auf eine bestimmte Weise mit den algebraischen Eigenschaften der Matrizen zusammenhängt. Zum Beispiel hängt die Nichtkommutativität der Matrizen mit der These zusammen, daß bei einer Veränderung des zu Messenden durch eine Messung die Reihenfolge, in der zwei oder mehr Messungen durchgeführt werden, bedeutsam ist: Wenn zwei oder mehr Matrizen miteinander multipliziert werden, hängt das Ergebnis von der Reihenfolge ab, in der sie multipliziert werden. Dieser Sachverhalt entspricht folgendem Beispiel: Wenn Sie zuerst den Geschmack des Weines in Ihrem Glas prüfen und es dann wiegen, bekommen Sie ein anderes Ergebnis als im umgekehrten Fall.

Vor der Quantenmechanik nahmen Naturwissenschaftler es als selbstverständlich an, daß bei einer ausreichend vorsichtig ausgeführten Messung die Beschaffenheit der natürlichen Welt erfaßt werden könnte, ohne sie dabei gleichzeitig zu verändern. Und dies gilt in der Tat für viele Bereiche der natürlichen Welt. Im Bereich unserer Alltagserfahrung spielt es zum Beispiel wirklich keine Rolle, ob ein Arzt zuerst das Herz abhört und dann die Temperatur mißt oder umgekehrt. Für die Beschreibung von kommutativen Messungen dieser Art verwenden die Naturwissenschaftler traditionelle Zahlen.

Dagegen können nach der Theorie der Quantenmechanik die Naturwissenschaftler im Prinzip nicht verhindern, daß auf dem subatomaren Niveau Einwirkungen durch Meßvorgänge Veränderungen nach sich ziehen. Diese These ist als das Heisenbergsche Unschärfeprinzip bekannt, und es ist ein physikalisches Anzeichen der Nichtkommutativität von Matrizen. Mit anderen Worten, unsere Anstrengungen, in den winzigen Uhrwerken der natürlichen Welt herumzuoperieren, werden wir immer mit schmutzigen Fingern unternehmen.

Die Beweise in der Algebra, die für das Prinzip der Fülle

sprechen, verbunden mit ähnlichen Belegen aus anderen Zweigen der Mathematik, scheinen darauf hinzuweisen, daß die mathematische Vorstellungskraft ein sechster Sinn ist. Wenn bisher nur die physikalischen Äquivalente für einige wenige, isolierte mathematische Ideen vorlägen, wäre die Übereinstimmung wohl nur zufallsbedingt. Die Übereinstimmung ist aber tatsächlich so groß, daß der Mathematiker, Physiker und Nobelpreisträger Eugene Paul Wigner sie als eine »unglaubliche Wirksamkeit der Mathematik« in der Beschreibung der Realität bezeichnete.

Es scheint nicht so zu sein, daß wir nur Ideen erfinden, die zufällig vernünftige Gegenstände beschreiben; vielmehr scheint die mathematische Vorstellungskraft ein zusätzlicher Sinn zu sein, mit dem wir die natürliche Welt wahrnehmen. Und er ist ein extrem fähiger Sinn, weil er oft die Realität lange vor unseren naturwissenschaftlichen Sinnen wahrnimmt. Wenn man in dieser Weise über die Übereinstimmung zwischen der natürlichen und der mathematischen Welt nachdenkt, ist an der Übereinstimmung zwischen der natürlichen Welt und den Welten unserer Ohren, unseres Tastsinnes und unseres Geruchssinns überhaupt nichts Geheimnisvolles mehr. Die Übereinstimmung ist ein Beleg für die allgemeine These, daß unsere Sinne sich gegenseitig bestätigen, weil sie alle verschiedene Aspekte einer einzigen Realität wahrnehmen.

Wenn man die mathematische Vorstellungskraft als eine Art sechsten Sinn bezeichnet, frage ich mich natürlich, ob die menschliche Vorstellungskraft auch eine Art Sinn sein könnte. Wenn er dies wäre, dann können wir erwarten, daß eines Tages Nixen, fliegende Untertassen, Geister und all die anderen Schöpfungen der menschlichen Imagination entdeckt werden; aber vielleicht sind dies nur die Verirrungen eines sechsten Sinns, der uns gelegentlich so täuschen kann, daß wir glauben, etwas zu sehen, was gar nicht da ist. Wenn das letztere wahr ist, gibt es vielleicht an der mathematischen Imagination etwas Besonderes – ihre Rationalität zum Beispiel –, was sie weniger anfällig macht, Illusionen ernst zu nehmen. Das würde auch erklären, warum Erfindungen der Mathematik sich so häufig als real herausstellen.

Wenn dieser mathematische sechste Sinn wirklich existiert, dann hätten die modernen Biologen uns gewiß mitgeteilt, daß er genauso entstanden ist wie die anderen Sinne, um das Überleben einer Spezies zu sichern. »Die Wahrnehmung ... der Realität«, sagt der französische Biologe und Nobelpreisträger François Jacob, »ist eine biologische Notwendigkeit.« Wenn die mathematische Vorstellungskraft unser sechster Sinn ist, sind die traditionellen, abstrakten und super-abstrakten Zahlen der Algebra nicht nur die Spielzeuge der Algebraiker, sondern sie sind dadurch, daß sie uns helfen, die Welt um uns herum wahrzunehmen, Instrumente für unser Überleben.

Gruppentheorie
Abstrakte Symmetrie

> Tiger, Tiger, strahlend hell
> in den Waldungen der Nacht,
> welche unsterbliche Hand,
> welches unsterbliche Auge
> hat Deine furchtbare
> Symmetrie geschaffen?
> (William Blake, Songs of Experience)

Ein Außerirdischer würde der Architektur unserer Städte entnehmen, daß wir im Grunde genommen visuelle Lebewesen sind. Gebäude sind mit Bogeneingängen, mit verspiegelten, farbigen und mit Jalousien versehenen Fenstern gestaltet – Einzelheiten, die auf die Bedeutung des Äußeren für einen Architekten hinweisen. Der Außerirdische, der in unseren Konstruktionsformen das dominierende Thema der Symmetrie erkennt, könnte annehmen, daß wir ästhetisch anspruchsvolle Wesen sind.

Dieselbe Situation trifft auf uns zu, wenn wir die Architektur in der Natur beobachten. Ähnlich wie der Außerirdische untersuchen wir die Erde und das Universum mit neugierigen Sinnen. Zuerst verließen wir uns auf unsere fünf Sinne, und damit waren wir empfänglich für die offensichtlichen Symmetrien, die die natürliche Welt kennzeichnen – von der optischen Symmetrie des Seesterns bis zur akustischen Symmetrie des Vogelgesangs. In den zurückliegenden hundertfünfzig Jahren haben wir jedoch einen Sinn für abstrakte Symmetrien entwickelt, die nur noch durch den Verstand wahrgenommen werden können. Dieser Sinn ist uns durch die Gruppentheorie zur Verfügung gestellt worden, und mit ihr erscheint die Natur nun noch symmetrischer, ästhetischer zu sein als zuvor.

Die Erfindung der Gruppentheorie wird allgemein der außerordentlich tragischen Figur des Évariste Galois zugeschrieben, der im Alter von zwanzig Jahren in einem sinnlosen Duell wegen eines, in seinen Worten, »niederträchtigen Mädchens« getötet wurde. Im Jahr 1829, im Alter von siebzehn Jahren, schrieb er seine erste Abhandlung zur Berechnung der Wurzeln aus algebraischen Gleichungen des fünften Grades, ein Gegenstand, der ihn unmittelbar zur Gruppentheorie führte.

Algebra ist die mathematische Untersuchung von numerischen Beziehungen, und algebraische Gleichungen beschreiben diese Beziehungen. Wenn Gleichungen für die Algebra das sind, was die Sätze für die deutsche Sprache bedeuten, dann entsprechen die Wurzeln einer Gleichung den Adjektiven, und eine algebraische Gleichung fünften Grades entspricht einem Satz mit fünf Adjektiven.

Algebraische Gleichungen treten in allen Graden auf und werden danach von Mathematikern katalogisiert. So wie die Zahl der Adjektive in einem Satz die Komplexität des ausgedrückten Gedankens wiedergibt, reflektiert der Grad einer algebraischen Gleichung die numerische Komplexität, die damit ausgedrückt wird. Die numerischen Beziehungen, mit denen Galois sich beschäftigte, waren so komplex, daß jede von ihnen fünf Wurzeln für die vollständige Beschreibung erforderte.

In seiner ersten Abhandlung suchte Galois einen systematischen Weg, um diese Wurzeln zu bestimmen. Er wollte damit die planlosen Verfahren beseitigen, auf die sich bis dahin die Algebraiker hatten verlegen müssen – es war so, als ob sie alle Adjektive heraussuchten, ohne dabei ein Wörterbuch oder ein Stichwortverzeichnis zu benutzen.

Bemühungen in der Vergangenheit hatten zur Entdeckung von systematischen Verfahren geführt, mit denen die Wurzeln von Gleichungen geringeren Grades bestimmt werden konnten: Die Babylonier zum Beispiel kannten ein Verfahren für die Lösung von Gleichungen zweiten Grades, und Methoden für die Lösung von Gleichungen dritten und vierten Grades wurden von den italienischen Mathematikern Scipione dal Ferro, Niccolo Fontana und Lodovico Ferrari im 16. Jahrhundert entwickelt. Danach aber gelang es niemandem, einen methodischen mathematischen Weg zur Bestimmung der Wurzeln von Gleichungen fünften und höheren Grades zu finden.

Galois' erste Abhandlung war ein lobenswerter, aber erfolgloser Versuch. Zwei Jahre später machte er dann zwei historisch bedeutsame Entdeckungen: Er fand heraus, daß für die Bestimmung der Wurzeln von Gleichungen fünften und höheren Grades kein systematisches Verfahren existiert und daß einige dieser Gleichungen Zahlen als Wurzeln haben, die normalerweise nicht in den Bereich der Algebra gehören. Heute werden diese Zahlen die transzendenten Zahlen genannt, und in unserer Analogie zwischen der Algebra und der deutschen Sprache entsprächen sie Adjektiven aus anderen Sprachen.

Der zweite Teil von Galois' Entdeckung entsprach in unserer Redeweise dem Umstand, daß für unsere Gedanken, nach Erreichen eines gewissen Komplexitätsgrads, die Adjektive einer einzelnen Sprache nicht ausreichen, sie zutreffend auszudrükken. Für einige Menschen – mehrsprachige Dichter zum Beispiel – mag dies eine Binsenweisheit sein. Für uns, den Rest, der häufig um »le mot juste« (das richtige Wort) ringt, klingt dies zumindest plausibel.

In jedem Fall sind es diese mathematischen Besonderheiten, die Galois als den Begründer der Gruppentheorie erscheinen lassen. Er bemerkte, daß sich die Wurzeln der Gleichungen fünften Grades unterschiedlich verhalten, je nachdem, ob sie alle algebraische Zahlen waren oder nicht.

Wenn sie es sind, ergibt sich nach einer Vertauschung in der Gleichung eine neue Gleichung, die algebraisch genauso sinnvoll ist wie die erste. Dies ist vergleichbar dem Satz »Sie ist eine kräftige, üppige, wohlhabende, extravagante, gesellige Frau«; vertauscht man die Adjektive, klingt der Satz noch genauso sinnvoll. Wenn auf der anderen Seite einige der Wurzeln transzendente Zahlen sind, führt eine Vertauschung zu einer algebraisch sinnlosen Gleichung. Nehmen Sie den Satz »Er ist ein kräftiger, üppiger, wohlhabender, extravaganter, belgischer Mann«; wenn »belgischer« an irgendeine andere Position der Adjektive gesetzt wird, wäre das Ergebnis ein unkorrekter Satz.

Obwohl Galois selbst nicht lange genug lebte, um alle Schlußfolgerungen dieser speziellen Entdeckung herauszustellen, erkennen wir heute, daß sie mit dem Begriff der Symmetrie zusammenhängt. Diese Verbindung, die ein Hauptmerkmal der Gruppentheorie ist, ist abstrakter Natur; sie kann mit der fünffachen Punktsymmetrie des Seesterns illustriert werden.

Stellen Sie sich vor, daß der Seestern mit einem Arm genau nach oben ausgerichtet ist. Ein Mathematiker würde Sie darauf hinweisen, daß der Seestern, wenn man ihn um 0,72, 144, 216 oder 288 Grad dreht, genauso aussieht wie zu Anfang, nämlich mit einem Arm genau nach oben. Diese Eigenschaft des Seesterns, die eine direkte Folge seiner Symmetrie ist, wird von den Gruppentheoretikern als »Invarianz unter einer Gruppe von Rotationen« bezeichnet.

Wenn wir uns jetzt vorstellen, daß die Arme des Seesterns von eins bis fünf durchnumeriert sind, wird es deutlich, daß die Rotation des Seesterns um einen seiner invarianten Winkel abstrakt durch eine Vertauschung der Zahlen, mit denen die Arme versehen sind, dargestellt wird. Die Drehung des Seesterns um 72 Grad wird durch diese numerischen Vertauschungen dargestellt: Eins geht nach zwei, zwei geht nach drei, drei geht nach vier, vier geht nach fünf und fünf geht nach eins. Mit dieser abstrakten Darstellungsweise wird die Symmetrie des Seesterns nicht nur durch die Invarianz unter einer Gruppe von Rotationen dargestellt, sondern auch durch die Invarianz unter einer Gruppe von numerischen Vertauschungen.

Auf diese abstrakte Weise verbindet die Gruppentheorie die Vertauschung von Zahlen mit der Symmetrie, und die Entdekkung Galois' über die algebraischen Wurzeln läuft darauf hinaus, daß numerische Beziehungen gerade so symmetrisch sein können wie ein Seestern.

Nach der Gruppentheorie sind es diese Beziehungen, die von algebraischen Gleichungen fünften Grades, deren Wurzeln alle algebraische Zahlen sind, beschrieben werden (sie enthalten keine transzendenten Zahlen). Die Theorie erklärt in einer abstrakten Weise, daß solche numerischen Beziehungen die Symmetrie eines Seesterns haben, weil die Vertauschung der fünf Wurzeln den algebraischen Sinn der Beziehung nicht verändert. Kurz gesagt, sie ist symmetrisch wie der Seestern, weil sie auf ihre Weise genauso invariant unter einer numerischen Vertauschung ist wie der Seestern.

Im Gegensatz dazu sind numerische Beziehungen, die von algebraischen Gleichungen fünften Grades mit einigen transzendenten Wurzeln beschrieben werden, nicht symmetrisch. Sie gleichen einem Seestern, dessen Arme in zufälliger Weise an seinem Körper angeordnet sind. Wenn ein solcher Seestern zu Beginn mit einem Arm nach oben ausgerichtet ist, wird er niemals gleich aussehen, egal, wie wir ihn drehen – nur bei einer vollständigen Drehung wird er dieselbe Ausrichtung haben, die er ursprünglich hatte. Mit seiner Symmetrie hat der Seestern auch seine Invarianz unter einer Gruppe von Rotationen verloren, oder damit äquivalent, unter einer Gruppe von numerischen Vertauschungen.

Aus demselben Grund sind numerische Beziehungen, die auch transzendente Wurzeln enthalten, nach der Gruppentheorie so asymmetrisch wie der hypothetisch deformierte Seestern. Der einzige Unterschied liegt darin, daß die Asymmetrie der numerischen Beziehung, obwohl nicht weniger real, nur im Begreifen der Gruppentheorie wahrgenommen werden kann.

Damit wird die Gruppentheorie ein wahrhaftiger zusätzlicher Sinn, und mit ihm konnten Naturwissenschaftler feststellen, wieviel der ästhetischen Symmetrie ihnen entgangen ist, als sie sich noch allein auf ihre fünf Sinne verlassen mußten. Mit der Gruppentheorie können sie die Symmetrie von Dingen erkennen, indem sie nur auf die mathematischen Gleichungen schauen, die die Dinge beschreiben. Allgemein gesagt, wenn etwas an einer Gleichung unter einer Gruppe von numerischen Vertauschungen invariant bleibt, wird damit angezeigt, daß das, was immer die Gleichung beschreibt, symmetrisch ist, sei es etwas Physikalisches oder Abstraktes.

Physiker ziehen die Gruppentheorie zur Unterstützung heran, wenn sie die verschiedenen symmetrischen Formen, die ihre Theorien den Atomen zuschreiben, veranschaulichen wollen. Nach diesen Theorien sind Atome Kerne, die in elektronische Nebel gehüllt sind wie Schalen, konzentrische Schalen, Hanteln, Jojos und andere symmetrische Objekte.

In ähnlicher Weise benutzen die Chemiker die Gruppentheorie, um sich die Symmetrie auf der molekularen Ebene zu verdeutlichen. Sie haben zum Beispiel entdeckt, daß allein schon die Form eines Moleküls seine physikalischen Eigenschaften beeinflußt. Moleküle mit der Symmetrie eines Würfels schmekken und riechen anders als solche mit der Symmetrie einer Pyramide.

Von den vielen außersinnlichen Erkenntnissen, die die Gruppentheorie ermöglicht hat, ist vermutlich die bedeutendste jene, die eine bestimmte Symmetrie des Universums selbst aufgedeckt hat. Obwohl sie eine Symmetrie von Raum und Zeit, zwei leicht beobachtbare Größen, ist, kann sie nicht über die Sinnesorgane beobachtet werden, sogar dann nicht, wenn wir das Universum aus der Vogelperspektive betrachten könnten. Gemäß der Gruppentheorie ist es eine Symmetrie, die mit dem Gesetz der Erhaltung der Energie und des Impulses verknüpft ist (Impuls ist eine physikalische Größe, die mit der Bewegung von Objekten verbunden ist). Dieses Gesetz, von dem die Physiker glauben, daß es universal gültig ist, besagt, daß der gesamte Betrag von Energie und Impuls im Universum, bei allen Veränderungen, die es erleidet, weder verringert noch vergrößert wird.

Das Gesetz der Erhaltung von Energie und Impuls ist in Begriffen der Gruppentheorie eine invariante Eigenschaft eines symmetrischen Objektes, dem Universum. Wenn wir in der Lage wären, den gesamten Betrag von Energie und Impuls zusammenrechnen zu können, würden wir feststellen, daß sich dieser Betrag von einem gegebenen Zeitpunkt zu einem anderen nicht ändert. Das Universum ist, mit anderen Worten, so beschaffen, daß sich nichts verändert, wenn der Wert in der Gleichung eines Zeitpunkts mit dem eines anderen ausgetauscht wird. Diese Invarianz unter einer numerischen Vertauschung bedeutet nach der Gruppentheorie, daß das Universum in einem abstrakten Verständnis symmetrisch ist.

Eine Fähigkeit, sogar über solche Probleme wie kosmische Symmetrien nachzusinnen, sensibilisiert uns unvermeidlich für die Schönheit der Naturgesetze, auch wenn die Ergebnisse dieser Gesetze uns nicht immer Vergnügen bereiten. Um wieviel weniger vergnüglich würde das Universum uns erscheinen, wenn wir, in Hesses Worten, »Dichter ohne Verse, Maler ohne Pinsel, Musiker ohne Klänge« und, so möchte ich hinzufügen, Mathematiker ohne Gruppentheorie wären.

Dimensionen
Ein Reich mannigfaltiger Möglichkeiten

> Ein Horizont schützt nicht die Grenzen unserer Ansichten.
> (Rossiter Raymond, A Contemporary Prayer)

»Oh ja, aber er ist doch so eindimensional ...«

Diese wenig schmeichelhafte Abwertung eines erfolgreichen Geschäftsmannes hörte ich zufällig kürzlich auf einer Party und wurde dabei an Edwin A. Abbots erfundene Welt ›Flächenland‹ erinnert. Sogar in jenem mythischen zweidimensionalen Land bedeutet die Eindimensionalität Verachtung: Eindimensionale Geschöpfe, die geraden Linien, sind die Unberührbaren. Sonst ist jedermann ein Vieleck irgendeiner Art.

Ich hätte wohl gezögert, jenen Geschäftsmann auf eine Dimension zu beschränken. Die Erfahrung lehrt, je besser man jemanden oder etwas kennenlernt, um so komplexer wird er, sie oder es – anders gesagt, um so mehr Dimensionen werden deutlich. Es gibt noch andere Hinweise, daß die Dimensionen im Auge des Betrachters entstehen. Psychologen wissen mittlerweile, daß Säuglinge nicht zögern, über eine steile Kante hinauszuklettern. Sie haben keine Angst vor der Höhe, weil sie augenscheinlich die Höhe nicht wahrnehmen; ihre Welt ist strikt zweidimensional und nur, wenn sie sich weiterentwickelt haben, können sie die Welt als drei- oder vierdimensional wahrnehmen.

Auch im Laufe der menschlichen Geschichte hat unsere sich entwickelnde Wahrnehmungsfähigkeit dem Universum mehr und mehr Dimensionen hinzugefügt. Die meiste Zeit blieb die Entwicklung unserer Wahrnehmungsfähigkeit hinter der Entwicklung des mathematischen Denkens über Dimensionen zurück. Diese hat sich schon so weit fortentwickelt, daß Mathematiker nicht zurückzucken, wenn von unendlich dimensionalen Welten oder von Objekten mit einer gebrochenen Zahl von Dimensionen gesprochen wird. Da der größte Teil dieser Entwicklung erst in den letzten hundert Jahren erfolgte, könnten wir uns fragen, wie ausgedehnt das Universum uns in hundert Jahren erscheinen mag.

Vor zweitausend Jahren sahen die Griechen das Universum

dreidimensional, gestützt durch die Sinne und die Euklidschen Lehrsätze der Geometrie. Um sich herum sahen die Griechen, was wir heute auch sehen: eine Welt, voll von Gegenständen, die Länge, Breite und Tiefe haben. Natürlich stellten sie sich vor, daß der Behälter, der diese Gegenstände enthielt, selbst auch Länge, Breite und Tiefe hatte.

Diese Qualitäten der Länge, Breite und Tiefe entsprachen nach Euklid dem, was er mathematisch mit dem Begriff Dimension meinte. In der Euklidschen Geometrie kommt einer Geraden nur die Qualität der Länge zu und stellt damit die Quintessenz eines eindimensionalen Objektes dar. Eine Fläche hat die Qualitäten der Länge und Breite und ist somit das archetypische zweidimensionale Objekt. Und ein Körper, der mit allen drei Qualitäten – Länge, Breite und Tiefe – ausgestattet ist, ist als das Modell für dreidimensionale Objekte definiert. So taten sich die Mathematik zu Euklids Zeiten und der gesunde Menschenverstand zusammen und unterstützten den Eindruck der alten Griechen, daß das Universum dreidimensional ist.

Noch viele Generationen nach Euklid sahen das Universum dreidimensional. Jede Spekulation über eine vierte Dimension wurde üblicherweise als mathematisch unvorstellbar abgelehnt. Sogar der große alexandrinische Astronom Ptolemäus wies die Idee einer vierten Dimension zurück. Er tat dies, indem er in einer Veranschaulichung darauf hinwies, daß man zwar drei Achsen im Raum zueinander senkrecht anordnen, aber eine weitere Achse in dieser Weise nicht hinzufügen kann.

Es gab natürlich jene, die trotzdem über die Existenz einer vierten Dimension Vermutungen anstellten. Aber solange keine mathematische oder logische Basis vorhanden war, zeigten diese Theorien nur eine Tendenz zur Mystik. Ein englischer Philosoph aus der Mitte des 17. Jahrhunderts, Henry More, ging so weit, darauf zu bestehen, daß Geister existieren und die Bewohner der vierten Dimension sind. Argumenten wie diesen mangelte es an wissenschaftlicher Glaubwürdigkeit, und so hatten sie keinen bleibenden Einfluß auf den fortdauernden, weit verbreiteten Eindruck eines euklidischen 3-D-Universums.

Das Vorurteil dieses Eindrucks war in Mores Zeit so hartnäkkig, daß der französische Mathematiker René Descartes, als er die Sprache der euklidischen Geometrie in einer Weise erweiterte, die die Möglichkeit einer vierten Dimension zuließ, diese Möglichkeit sofort als wirklichkeitsfremd verwarf.

Descartes' Ansatz der Geometrie unterschied sich von der

Euklids darin, daß er die Dimensionalität von Gerade, Fläche und Körper in anderen Begriffen als denen der Länge, Breite und Tiefe definierte. Die Dimensionen eines Gegenstandes sind nach seiner Theorie der Analytischen Geometrie mit der Zahl der Koordinaten korreliert, die man braucht, um ihn zu vermessen. Eine Gerade, zum Beispiel, ist eindimensional, weil sie mit nur einer Koordinate vermessen werden kann. Stellen Sie sich vor, daß die Gerade eine Straße ist; jeder Punkt auf der Geraden, oder jedes Haus in der Straße kann mit nur einer Zahl gekennzeichnet werden. Eine Fläche, die wir mit einer flachen Erde vergleichen könnten, ist zweidimensional, weil zwei Koordinaten für die Vermessung erforderlich sind – jeder Punkt auf der Fläche, wie jeder Ort auf der Erde, ist mit zwei Zahlenangaben eindeutig gekennzeichnet, ähnlich der geographischen Länge und Breite. In gleicher Weise ist ein Körper dreidimensional, weil drei Koordinaten für die Vermessung nötig sind.

Descartes' Definition war zu seiner Zeit bedeutend, nicht weil sie besser war als die Euklids, sondern weil sie quantitativ und nicht qualitativ formuliert war und sich mehr auf unsere logischen Fähigkeiten und weniger auf unsere sinnlichen Erfahrungen bezog. Wo Euklid noch sich auf unser Verständnis der Qualitäten der Form (Länge, Breite und Tiefe) verließ, setzte Descartes auf das Verstehen eines analytischen Prozesses (ein Prozeß, ähnlich einer multidimensionalen Kartographie).

Wäre die Kartesische Theorie zu einer Zeit entstanden, die weniger von der sensorischen Erfahrung und dem euklidischen Denken überzeugt gewesen wäre, hätten die Mathematiker vielleicht die Logik eines vierdimensionalen Objektes einmütig erkannt. Sie hätte von ihnen nur die Erkenntnis verlangt, daß ein solches Objekt der mathematische Gegenstand ist, der für die Vermessung vier Koordinaten erfordert.

So logisch dieser Schluß war, er war nicht zwingend genug, die Abneigung der Mathematiker zu überwinden, weil sie die Möglichkeit von etwas, das man nicht sehen kann, nicht anerkannten. Argumente wie die des Ptolemäus behielten die Übermacht, und folglich wurde der Schluß der analytischen Geometrie auf eine mathematische vierte Dimension nicht nur von Descartes und seiner Generation, sondern auch von noch einigen Generationen danach nicht vollzogen.

Es dauerte bis zum Jahr 1854, als der junge deutsche Mathematiker Bernhard Riemann eine Erweiterung der Euklidischen

Geometrie und der Analytischen Geometrie von Descartes verkündete, daß die Idee einer vierten Dimension mathematisch erkannt und dann erweitert wurde. Riemann hatte die Differentialgeometrie (ein Bereich, der von seinem Lehrer Carl Friedrich Gauss geschaffen worden war) weiterentwickelt und dabei die Sprache der Koordinatenfestlegung für die Dimensionen benutzt. Aber statt die Schlußfolgerung auf eine vierte Dimension zu ignorieren, führte er sie noch bis in Details weiter.

Riemann bewies ausdrücklich, daß es neben der Geometrie Euklids noch andere gab, die Welten mit jeder ganzzahligen Dimension beschrieben, von null bis unendlich. Die 3-D-Welt, die von Euklid beschrieben worden war, war jetzt nur noch eine von vielen logisch ebenso möglichen Welten.

In einer 4-D-Welt sind mehr Dinge möglich als in einer 3-D-Welt. Für eine Person der vierten Welt sieht das, was in einer 3-D-Welt passiert, so flach und beschränkt aus, wie die Handlung auf einer 2-D-Filmleinwand für uns aussieht. Umgekehrt ist die vierte Dimension für eine Person der 3-D-Welt nicht wahrnehmbar, wie die dritte Dimension auf einer Filmleinwand. Alles, was eine 3-D-Welt von der vierten Dimension aus betritt, würde von nirgendwo herkommen (Schatten von Henry Mores Geistern!). Dies bedeutet, daß 4-D-Personen eine 3-D-Welt unbemerkt beobachten könnten, so, als wären sie Zuschauer in einem Filmtheater. Für die Illusion der Tiefe brauchten sie nur eine 4-D-Brille aufsetzen.

Andere Welten, die von Riemann beschrieben wurden, sind auch nicht mehr räumlich in dem Sinne, wie die von Euklid und Descartes. Nach Riemann müssen sich mathematische Dimensionen nicht mehr auf vorstellbare Räume beziehen; sie können sich logisch auf nur begriffliche Räume beziehen. Diese Räume nannte er Mannigfaltigkeiten. Riemann befreite, mehr als Descartes, durch diesen phantasievollen Sprung hin zur Abstraktion die Geometrie von der Euklidischen Abhängigkeit mit ihrer physikalischen Vorstellung der Länge, Breite und Tiefe.

Obwohl der Begriff seitdem einige technische Nebenbedeutungen gewonnen hat, bezieht sich eine Mannigfaltigkeit immer noch auf jeden möglichen Bereich – sei es der Aktienmarkt, die Wirtschaft, oder ein Mensch –, dessen Beschreibung sehr viele Facetten erfordert oder multidimensional ist, wie Riemann es lieber nannte. Während frühere Generationen den geometrischen »Raum« gefüllt sahen mit Galaxien, Sternen und Planeten, hat sich für heutige Geometer das Wort »Raum« so weit ausgedehnt, daß es auch die Mannigfaltigkeit einschließt.

Es muß betont werden, daß die Riemannsche Revolution nicht einfach eine semantische Erneuerung war. Mit Bezug auf den Aktienmarkt zum Beispiel, als einer vieldimensionalen Mannigfaltigkeit, stellen Mathematiker sich buchstäblich einen geometrischen Raum vor, in dem sich Dinge so verhalten, wie es bestimmte mathematische Lehrsätze verlangen. Die Dimensionen des geometrischen Raumes entsprechen genau der Zahl von Faktoren, die das Verhalten eines Aktienmarktes bestimmen. Wenn wir uns vorstellen, daß der Aktienmarkt nur von einem Faktor bestimmt wird – sagen wir, von den Säumen der Frauenröcke –, dann würden wir ihn mathematisch als eine 1-D-Mannigfaltigkeit, eine Gerade, darstellen. Neben anderen Dingen bedeutet dies, daß der Zustand des Aktienmarktes zu jedem Zeitpunkt durch eine einzige Zahl (die Höhe des Rocksaums) beschrieben und durch einen Punkt irgendwo auf der 1-D-Mannigfaltigkeit eine Mannigfaltigkeit veranschaulicht werden kann.

Wenn man in dieser Weise weiterdenkt, ist der Mensch ein Vielfaches mit einer außergewöhnlichen Zahl von Dimensionen – einige würden sagen, eine unendliche Zahl. Unser Verhalten wird von einer unschätzbar großen Zahl von Faktoren beeinflußt. Sogar ein so elementares Verhalten, wie die Entscheidung, einem Fremden zuzulächeln oder nicht, hängt von so weit auseinander liegenden Faktoren oder Dimensionen ab, wie der Dauer des Schlafs in der Nacht zuvor, dem momentanen Verhältnis zu unserem Ehegatten, der Sicherheit unseres Arbeitsplatzes, der Wirtschaftslage, der Jahreszeit, dem Erscheinungsbild des Fremden usw. usw. Und es ist nicht undenkbar, daß cinige unserer komplexesten Verhaltensmuster vom gerade anzutreffenden Zustand des gesamten Universums abhängen können.

Die Sozialwissenschaftler sind zu bemitleiden. Einer der Gründe, weshalb ihre »Streckenrekorde« im Vergleich zu denen der Naturwissenschaftler so miserabel erscheinen, liegt darin, daß ihre Arbeit schwieriger, wenn nicht gar undurchführbar ist. Wenn wir den Menschen als eine außerordentlich hochdimensionale geometrische Welt sehen, dann ist der Versuch, sie mathematisch und naturwissenschaftlich erschöpfend zu beschreiben, eine Herausforderung, die ähnliche Anstrengungen zur Beschreibung unseres 3-D-räumlichen Universums weit überragt.

Wirklich, dieser voluminöse Behälter der Physiker, das Universum, ist eine der einfachsten, niedrigdimensionalen Mannigfaltigkeiten um uns herum. Nach Einstein ist es eine 4-D-Mannigfaltigkeit, und nicht eine 3-D-Mannigfaltigkeit, wie es jeder damals gesehen hatte. Im Jahr 1915 nutzte Einstein die liberale Definition der Dimension von Riemann und folgerte dann, daß das Universum höchst genau einer geometrischen Welt nachgebildet ist, die drei räumliche Dimensionen und eine zeitliche Dimension hat.

Es muß betont werden, daß eine solche Behauptung ohne jede mathematische Bedeutung wäre, wenn Riemann nicht die Definition der Dimension über die rein räumlichen Bedeutungen von Länge, Breite und Tiefe hinaus verallgemeinert hätte. Eine zeitliche Dimension hat keine dieser Qualitäten; das heißt, man kann die Zeit nicht mit einem Lineal bestimmen.

Nach Einstein ist das Universum ein 4-D-Vielfaches, weil (in der Sprache Riemanns) drei räumliche Koordinaten und eine zeitliche Koordinate für die Vermessung erforderlich sind. Jeder Punkt des Universums ist eindeutig mit drei Zahlen, die die Position angeben und einer Zahl, die die Zeit angibt, gekennzeichnet. Wenn wir uns mit jemandem treffen wollen, müssen wir, technisch gesprochen, Ort und Zeit festlegen. Der Ort umfaßt immer drei getrennte Informationen (zum Beispiel, Parkstraße Ecke Schloßallee, auf der Erdoberfläche), und die Zeit benötigt eine Informationsangabe (achtzehn Uhr). In gewissem Sinn bewies Einstein, daß Ptolemäus nicht völlig im Unrecht war: Der räumliche Teil des Universums ist so beschaffen, daß er nur drei Koordinaten-Achsen aufnehmen kann.

Weil eine seiner vier Dimensionen die Zeit ist, entspricht das Universum, nach Einstein, nicht der rein räumlichen 4-D-Welt, die zuvor beschrieben wurde. In jener Welt gibt es keine Zeit und deshalb auch nicht den Begriff der Bewegung, so wie wir ihn kennen. Personen in einer nur räumlichen 4-D-Welt existieren an allen Orten gleichzeitig. In unserem 4-D-Raum-Zeit-Universum dagegen befindet sich eine Person zu einem Zeitpunkt an einem bestimmten Ort und wird durch ihre maximale Fortbewegungsgeschwindigkeit in der Bewegung von einem Ort zum anderen beschränkt. (Die absolute Höchstgeschwindigkeit im Universum ist die Geschwindigkeit, mit der sich das Licht im Vakuum ausbreitet – ungefähr 300.000 Kilometer in der

Sekunde. Wir müssen uns natürlich mit wesentlich kleineren Geschwindigkeiten zufriedengeben.)

Obwohl wir über zwei Jahrhunderte für die Erkenntnis benötigten, daß das Universum vier Dimensionen hat und Dinge enthält, die Dimensionen verschiedenster Art und Zahl haben, haben wir noch weitere sechzig Jahre für die Erkenntnis gebraucht, daß die Dimensionen von vielen anderen Dingen im Universum nicht einmal ganze Zahlen sind. Und wieder einmal war es ein Mathematiker, der uns darauf aufmerksam gemacht hat.

Im Jahre 1975 rundete der Amerikaner Benoit Mandelbrodt die halbherzigen Arbeiten vieler früherer Mathematiker ab und lieferte gleichzeitig eine neue Deutung dieser Arbeiten. Er konnte zeigen, daß es mathematisch möglich ist, gebrochene, fraktionierte Dimensionen wie ¾-D, 1 ½-D usw. zu definieren.

Zur Entwicklung seiner These begann Mandelbrodt mit einer Definition der Dimension, die von dem deutschen Mathematiker Felix Hausdorff ungefähr sechzig Jahre nach Riemann vorgeschlagen worden war. Eine normale Fläche, wie diese Seite, ist nach Hausdorff zweidimensional, weil wir zwei Zahlen (das heißt Länge und Breite) multiplizieren müssen, um den Flächeninhalt zu bestimmen. Ein normaler Körper, ein Zuckerwürfel zum Beispiel, ist dreidimensional, weil wir drei Zahlen (Länge, Breite und Tiefe) multiplizieren müssen, um den Rauminhalt zu erhalten, und so fort. Hausdorff war der Meinung, daß es so möglich sein würde, alle vorstellbaren geometrischen Figuren nach ihrer Dimensionszahl, von null-D bis unendlich-D, einzuordnen.

Mandelbrodt beobachtete jedoch, daß Mathematiker in der Vergangenheit sich Figuren vorgestellt hatten, die sich einer solchen Katalogisierung widersetzen. Er bot selbst eine Reihe eigener Beispiele solcher Figuren an, die sich auf natürliche Gegebenheiten wie etwa dem Küstenverlauf von Großbritannien bezogen: Stellen Sie sich ein Rechteck vor, dessen Seiten so zerklüftet sind wie der Küstenverlauf der britischen Insel. Nach Hausdorff ist ein derartiges Rechteck 2-D, weil sein Inhalt über die Multiplikation von Länge und Breite berechnet wird. Mandelbrodt dagegen stellte fest, daß Hausdorffs Vorschrift leichter gesagt als ausgeführt werden kann; da gibt es eine Schwierigkeit, die Länge und Breite zutreffend zu bestimmen, und diese führt zu einem Widerspruch, der das Kennzeichen von gebrochen oder fraktioniert dimensionierten Objekten ist.

Aus der Entfernung scheinen die Seiten des Rechtecks glatt auszusehen, und wir könnten damit sagen, daß die Länge und Breite in der Luftlinie 10 bzw. 20 Kilometer betragen. Nach Hausdorffs Vorschrift beträgt der Flächeninhalt 200 Quadratkilometer.

Etwas näher betrachtet, werden jedoch die gezackten Kanten des Rechtecks deutlich. Wenn wir jeder Bucht und Halbinsel mit dem Automobil folgten, würden wir feststellen, daß die Seiten beträchtlich länger als 10 und 20 Kilometer sind. Aufgrund der Ablesung vom Kilometerzähler wüßten wir dann, daß die Breite nah an 15 Kilometer ist und die Länge etwa 30 Kilometer beträgt. Dies ist eindeutig eine genauere Schätzung als die erste, und doch würden wir im zweiten Fall, wenn wir Hausdorffs Vorschrift folgen, den Inhalt des Rechtecks mit 450 Quadratkilometern deutlich überschätzen.

Die Schätzung der Länge und Breite des Rechtecks mit einem Automobil ist aber bei weitem nicht so genau wie die Schätzung mit einem kleinen Käfer, der jeder Biegung und Einbuchtung des Küstenverlaufs folgen würde. »Im Prinzip«, sagt Mandelbrodt, »könnte der Mensch einer solchen Kurve mit immer feinerer Auflösung folgen, indem er eine Maus, dann eine Ameise usw. einspannt. Wenn unser Wanderer sich immer enger an den Küstenverlauf hält, wird die zurückgelegte Strecke ohne eine Grenze immer größer werden.« Der Widerspruch in Hausdorffs Festlegung besteht darin, daß, so wie unsere Schätzung der Länge und Breite sich verbessert, unsere Schätzung des Flächeninhalts immer ungenauer wird.

Beispiele wie dieses, die sich nicht gut in das Hausdorffsche Ordnungsschema einfügen, zeigten Mandelbrodt zu Anfang seiner Untersuchungen, daß die Hausdorffsche Definition der Dimension erweitert werden mußte, um diese Beispiele auch zu erfassen. Seine Bemühungen, dies zu erreichen, veranlaßten ihn, die Lücken in der Hausdorffschen Hierarchie der Dimensionen zu schließen und eine mathematische Theorie der fraktionierten Dimensionen zu entwickeln.

Mandelbrodt fand heraus, daß im Falle eines geometrischen Objekts wie unserem Rechteck der Widerspruch verschwindet, wenn wir nicht darauf bestehen, daß der Flächeninhalt das Produkt zweier Zahlen ist. Nach seiner Theorie besagt die korrekte, widerspruchsfreie Vorschrift für die Berechnung des Flächeninhalts, daß eine Zahl mit der Quadratwurzel einer anderen Zahl zu multiplizieren ist und nicht, daß einfach zwei Zahlen zu multiplizieren sind. Dies bedeutet, daß ein Rechteck genau ein 1,5-D-Objekt ist. (Hier bezieht sich die Hälfte einer Zahl – 0,5 – auf die Quadratwurzel einer Zahl; ein Drittel bezieht sich auf die kubische Wurzel usw. Deshalb bedeutet die Multiplikation von 1,5 Zahlen, daß eine Zahl mit der Quadratwurzel einer anderen zu multiplizieren ist.) Diese Zahlen haben immer noch etwas mit der Länge und Breite zu tun, sie sind jedoch mathematisch so umdefiniert, daß sie nicht mehr von unserer Sichtweise abhängen, sei sie kosmischer, molekularer, atomarer, subatomarer oder noch kleinerer Natur.

Das Beispiel eines Rechtecks mit Seiten wie der britischen Küste veranschaulicht, wie ein flächenhaftes Objekt Hausdorffs ganzzahliges Dimensionsschema durcheinanderbringen kann; ein Würfel mit einer verwickelten Oberfläche wie dem menschlichen Gehirn veranschaulicht denselben Sachverhalt für räumliche Objekte. Ein solcher Körper ist nach Hausdorff ein 3-D-Körper, weil sein Rauminhalt über die Multiplikation von drei Zahlen – Länge, Breite und Tiefe – bestimmt wird. Wir stellen aber, wie beim Rechteck, fest, daß die genaueste Messung dieser drei Größen – das heißt eine Messung, die der kleinsten Windung folgt – zu einer großen Überschätzung eines solchen Würfels führt. Mandelbrodt fand heraus, daß ein derartiger Würfel ein fraktioniert dimensionierter Körper, ein Fraktal, ist, dessen Rauminhalt das Produkt von 2,8 Zahlen, nicht drei, ist und infolgedessen eine Dimension von 2,8 hat.

Mandelbrodt konnte noch viele andere vertraute Gegenstände als Fraktale identifizieren. Ebene Fraktale schließen Schneeflocken, Gebirgssilhouetten und räumliche Fraktale Automobilkühler und den menschlichen Verdauungstrakt ein. Bei jedem dieser Objekte führt die Hausdorffsche Vorschrift, wie bei Rechtecken und Würfeln, zu einer widersprüchlichen Beziehung zwischen dem Flächen- oder Rauminhalt eines Objektes und der Länge seiner Seiten.

Mandelbrodt fand ebenfalls heraus, daß sich die typische fraktale Dimension der Landformationen auf der Erde von denen des Mars' unterscheidet. Er benutzte dabei die Fotografien, die von der NASA vom Roten Planeten aufgenommen worden waren: Die Erde hat ungefähr 2,1 und der Mars ungefähr 2,4 Dimensionen. Mit den Augen kann man den Unterschied in der Zerklüftung als eine geringere »Gezacktheit« der terrestrischen Landformation gegenüber der des Mars sehen. Eine praktische Konsequenz dieser Beobachtung führt dazu, daß jede mögliche

Landformation, die jeweils einer speziellen fraktalen Dimension entspricht, mit einem Computer hergestellt werden kann. Dies wird mittlerweile auch in Science-fiction-Filmen genutzt, um damit fremd aussehende Planetenoberflächen zu erzeugen. Mit Mandelbrodts Theorie der Fraktale können wir nicht nur den dimensionalen Reichtum unserer eigenen Welt, sondern auch deren Einmaligkeit schätzen lernen.

Durch die neuen Einsichten in die mathematische Natur von Dimensionen, die uns von Mandelbrodt, Riemann und Descartes vermittelt wurden, ist die Gestalt des Universums für uns differenzierter geworden als der ziemlich flache 3-D-Behälter, der nur mit den 1-, 2- und 3-D-Objekten aus Euklids Tagen gefüllt ist. Man könnte versucht sein, aus dieser Vergangenheit in die Zukunft zu extrapolieren und vermuten, daß wir noch viel mehr Dimensionen in der Gestalt des Universums entdekken werden.

Man könnte sich aber auch vorstellen, daß in der Zukunft die Differenziertheit der Gestalt zu- und abnimmt, so wie im Film »Die phantastische Reise«, in dem Wissenschaftler so weit verkleinert werden, daß sie das Innere des menschlichen Körpers erkunden können.

Unsere ersten Ansichten des Universums können mit einem nulldimensionalen Punkt verglichen werden. Aus etwas geringerer Distanz sieht es aus wie eine zweidimensionale Scheibe mit einer glatten Oberfläche; bei noch größerer Annäherung scheint die 2-D-Fläche eine 3-D-Feinstruktur zu haben. An diesem letzten Punkt sind wir vermutlich in unserer Wahrnehmung des Universums angelangt, ein Punkt, an dem der ganze Reichtum der Oberflächenstruktur deutlich geworden ist. Wenn dies so ist, bewegen wir uns auf einen Zeitpunkt zu, der dem Durchbruch durch diese Oberfläche entspricht. Dann werden wir wieder einen Raum mit zunächst nur eindimensionalen Gegenständen sehen, die bei näherer Betrachtung wieder eine 2-, dann eine 3-D-Gestalt mit unscharfen Begrenzungen gewinnen.

Wir können natürlich nicht mit Sicherheit vorhersagen, welche zukünftigen Möglichkeiten auf uns zukommen. Es bleibt aber die Frage, ob die Zahl von Dimensionen, die wir dem Universum zuschreiben, und sein Inhalt ständig zunehmen oder fluktuieren werden. Sicher aber darf das Universum, wie jener als eindimensional abgewertete Geschäftsmann, nicht vorschnell und endgültig bewertet werden. Denn wenn uns die hervorragende Reihe von inspirierten Mathematikern der vergangenen zweitausend Jahre etwas gelehrt hat, dann ist es dies: Die Dimensionen entstehen im Auge und in der Vorstellung des Betrachters.

Null und die leere Menge
Viel Lärm um nichts

> Dreißig Speichen teilen sich eine Radnabe. Passe das Nichts darin dem angestrebten Zweck an, und Du wirst den Gebrauch des Karrens kennen. Knete Ton, um einen Behälter anzufertigen. Passe das Nichts in ihm dem angestrebten Zweck an, und Du wirst einen Behälter benutzen lernen. Säge Türen und Fenster heraus, um einen Raum zu erhalten. Passe das Nichts in ihm dem angestrebten Zweck an, und du wirst den Nutzen des Raums kennen. So gewinnen wir etwas, aber es ist das Nichts, durch das wir es gebrauchen lernen.
>
> (Laotse)

Mathematiker beanspruchen die Ehre für sich, unter den ersten in der Geschichte gewesen zu sein, die den Wert des Nichts erkannt und den Unterschied zwischen »dem Nichts« und »nichts« verstanden und ausgedrückt haben. Auch wenn dies klingt, als spräche man von Meilensteinen im Vakuum, war dies, wie wir heute wissen, ein außerordentliches Ereignis in der Entwicklung der Arithmetik (der Untersuchung der Zahlen). Zwischen dem 6. und dem 9. Jahrhundert n. Chr. wurde das Nichts als fester Bestandteil der Arithmetik in Form der Null aufgenommen. Es war eine scheinbar triviale Hinzufügung zu unserem numerischen Alphabet, aber damit konnten wir Zahlen sauberer und leichter ausdrücken als zuvor. Dreizehnhundert Jahre später trat das Adverb »nichts« in der Arithmetik auf. Es war ganz etwas anderes als das Nichts; »nichts« wurde die leere Menge genannt. Sie stellt in der Arithmetik das dar, was eine jungfräuliche Leinwand und ein leeres Blatt Papier in der Malerei und der Schriftstellerei darstellen: latentes Sein. Mit der leeren Menge waren die Mathematiker in der Lage, zeigen zu können, wie jede bekannte Zahl der Arithmetik aus nichts geschaffen werden kann. Um Shakespeare zu paraphrasieren: Niemals zuvor und danach haben Mathematiker so viel aus so wenig gemacht, als sie soviel Lärm um nichts und das Nichts machten.

Die Null wurde von den Hindus als fester Bestandteil in ihr

Zahlensystem zwischen dem 6. und 9. Jahrhundert eingeführt, und sie nannten sie »sunya« (die Leere). Das heutige Zahlensystem ist ein direkter Abkömmling dieses frühen Systems und wird von den Mathematikern dezimale Stellennotation genannt. In diesem System kann jede Zahl, sei sie noch so groß, mit Hilfe der zehn Grundziffern 0–9 ausgedrückt werden. Dabei wird durch die Position einer Ziffer in einer Zahl wie zum Beispiel 8754 ihr tatsächlicher Wert festgelegt. Durch Übereinkunft festgelegt steht die rechte Ziffer (4) für sich selbst, die nächste nach links (5) steht für zehnmal sich selbst, wiederum die nächste nach links (7) steht für hundert mal sich selbst und so fort.

Bevor die sunya ins Leben gerufen wurde, ließen Mathematiker, die das Dezimalstellensystem benutzten, Leerstellen, wo wir heute eine Null einfügen würden. Die Zahl siebenhundertsieben, zum Beispiel, wurde 77 geschrieben und nicht 707. Häufig wurden die Leerstellen nicht deutlich genug eingefügt, was zu Mehrdeutigkeiten führte. Dies war nicht nur ein Ärgernis, dadurch wurde auch die Entwicklung der Arithmetik behindert.

Es waren noch einige andere Zahlensysteme in Gebrauch, als die Hindus das ihre herausbrachten, aber keines von ihnen benutzte die Null und mit keinem konnten Zahlen so leicht ausgedrückt werden. Da gab es zum Beispiel das römische Zahlensystem. Es war unhandlich und kompliziert, wie jeder weiß, der es jemals anzuwenden versucht hat. Zum Beispiel lautet die römische Ziffer für eintausendneunhundertdreiundachtzig MCMLXXXIII – vergleichen Sie das einmal mit der 1983 der Hindus!

Die Griechen besaßen ein Zahlensystem, das so ähnlich wie das römische funktionierte. Um die Zahl 1983 auszudrücken, mußten sie TΣTNIIIΔΔΔ schreiben. Es überrascht dann nicht, daß die Arithmetik bei den sunya-bewußten Hindus aufblühte, jedoch nicht bei den Griechen, an die wir heute als große Geometer denken (Geometrie: Untersuchung der Formen). Ebenso hat die Ausdrucksfähigkeit einer Sprache die Entwicklung der Dichtkunst in einer Kultur (mit der die Mathematik als Kunstform oft verglichen wurde) bestimmt.

Wenn uns der mathematische Begriff des Nichts ermöglicht hat, Zahlen präzise und genau auszudrücken, hat uns das mathematische Konzept von »nichts« ein Mittel zur Verfügung gestellt, den logischen Ursprung der Zahlen aufzuklären.

Um das Jahr 300 v. Chr., als Euklid die Logik auf die Ableitung von geometrischen Wahrheiten aus einer kleinen Zahl von Annahmen anwendete, wurde die Frage gestellt, ob dies nicht auch in der Arithmetik durchgeführt werden könnte. Als die Mathematiker sich schließlich im späten 19. Jahrhundert entschlossen, die Antwort zu suchen, konnten sie sich nicht darüber einigen, wo man denn zu beginnen hätte. Einige wollten damit beginnen, daß sie die mathematische Existenz der natürlichen Zahlen (das heißt 0, 1, 2, 3, ...) einfach voraussetzten, und von diesem grundlegenden Alphabet aus dann weitersähen. Andere, wie der Deutsche Gottlob Frege, wollten lieber noch einen logischen Schritt zurückmachen, und die Folge der natürlichen Zahlen aus noch einfacheren Begriffen herleiten.

Als einen seiner logischen Anfangspunkte wählte Frege die alltägliche Vorstellung einer Klasse oder Menge. In der Mathematik wie auch in allen anderen Zusammenhängen stellt eine Menge einfach eine Gruppe von Dingen dar; oder, wie es einer der Zeitgenossen Freges, der Deutsche Georg Cantor, gesagt hatte, eine Menge ist »eine Zusammenfassung ... von wohlbestimmten und wohlunterschiedenen Objekten unserer Anschauung oder unseres Denkens«. Frege war der Meinung, daß die Vorstellung einer Menge eine noch einfachere Vorstellung als die Folge der natürlichen Zahlen war und ging deshalb von der Mengenvorstellung aus, um diese Folge herzuleiten; danach konnte er mit zusätzlichen Annahmen die gesamte Arithmetik ableiten. Während er dies tat, bemerkte er den Unterschied zwischen dem Nichts und nichts.

Er entdeckte, daß der Unterschied in der Klasse liegt: »nichts« ist die leere Menge – die Menge ohne Elemente –, die die Mathematiker mit einem Paar geschweifter Klammern {} kennzeichnen. Diese war auch die einzig mögliche Menge, mit der Frege beginnen konnte, weil er am Anfang seines Unterfangens nicht von der Existenz irgendeiner Zahl ausgehen wollte. Für ihn stellte die leere Menge den unmmittelbaren Augenblick vor der Schöpfung dar, das Potential, in eine unendliche Folge von Zahlen überzugehen. Sogar das Symbol für die leere Menge wies auf das latente Sein hin: Zwei Klammern, die eine Leere umschließen, die schließlich mit einer wachsenden Folge von Zahlen gefüllt wird. Das Nichts, im Gegensatz dazu, ist die Menge, die als einziges Element die Null enthält, die von den Mathematikern so geschrieben wird: {0}. Schon durch die Betrachtung dieses Symbols können wir sehen, was Frege sah: Das Nichts ist nicht nichts, sondern tatsächlich ein Etwas. In der

Analyse Freges war {{}} die erste vorstellbare Verwirklichung des mathematischen Potentials der leeren Menge, die erste natürliche Zahl, null. Die Menge {} ist die reine Verwirklichung der leeren Menge, gerade so, wie eine musikalische Pause die reine Realisation des Potentials eines Musikers ist, einen Klang zu erschaffen.

Der Unterschied zwischen dem Nichts und nichts ist außerhalb der Mathematik nicht so leicht zu erkennen. Als ich zum Beispiel kürzlich die gefeierte Skulptur von Henry Moore am Ortseingang der Nationalgalerie in Washington, D. C., betrachtete, sah ich in seiner einzigen, zentralen Öffnung das Potential für viele Bilder. Sie war zugleich nichts und alles, und in diesem Sinn war sie ein Modell für die leere Menge des Mathematikers. Aber genausooft habe ich in den leeren Öffnungen anderer Skulpturen nicht Modelle von nichts, sondern des Nichts gesehen – nur Löcher.

Eine der zutreffendsten physikalischen Analogien zur leeren Menge ist die theoretische Vorstellung des Vakuums. Es ist die Quintessenz eines verkörperten »nichts«, dem das Potential zugeschrieben wird, ungeheure Mengen von Materie gebären zu können. Alles, was theoretisch erforderlich ist, um das spontane Entstehen von nuklearen Teilchen in Gang zu setzen, ist die Erzeugung eines sehr starken elektrischen Feldes im Vakuum.

Bisher konnte dieses moderne Verständnis eines Vakuums nicht direkt geprüft werden, weil die erforderliche Stärke des elektrischen Feldes alles übersteigt, was wir künstlich erzeugen können. Neuerdings will eine Gruppe von Nuklearphysikern und Chemikern diese Theorie über natürliche »superstarke« elektrische Felder prüfen, die sie mit überschweren Elementen herstellen wollen. Das einzige Problem dieser Idee ist gegenwärtig, daß die Existenz dieser überschweren Elemente auch nur vermutet wird. Daher wissen wir immer noch nicht, ob das Vakuum »nichts« ist, wie es viele Physiker heute annehmen, oder ein Nichts, wie es viele alte griechische Philosophen glaubten.

Ein ebenso überzeugendes Analogon zur leeren Menge wie das Vakuum der Physiker ist die biblische Schilderung der göttlichen Schöpfung. Nach der Bibel erschuf Gott das Universum so, wie Frege die Folge der natürlichen Zahlen schuf – aus nichts. In dem Spiel ›Sapientia‹ ging Roswitha von Gandersheim, eine Nonne und Dichterin des 9. Jahrhunderts, noch weiter: »Der Erschöpfer der Welt ... schuf die Welt aus nichts, und versah alles mit Zahl, Maß und Gewicht, und dann, im Zeitalter des Menschen, schuf er eine Wissenschaft, die immer neue Wunder entdeckt, je mehr wir sie betreiben.«

Ich würde gerne glauben, daß Schwester Roswitha auch die Mathematik in ihre »Wissenschaft« einschlösse und Freges Einführung der leeren Menge in ihre »neuen Wunder«. Wenn sie es täte, würde sie auch ein solches neues Wunder wie das der erneuten Anwendung der leeren Menge in der Arithmetik durch den englischen Mathematiker John Horton Conway darin einschließen. Im Jahr 1973 fing er dort an, wo auch Frege begonnen hatte, bei der leeren Menge. Er schuf nun nicht nur die natürlichen Zahlen und auch die anderen Zahlen, die Brüche und die irrationalen Zahlen, sondern auch einige bisher unbekannte Zahlen, die surrealen Zahlen.

In seinem dreizehn Seiten umfassenden Manuskript ›All Numbers, Great and Small‹ (Alle Zahlen, groß und klein) begann Conway wie Frege mit einigen einfachen Ideen, einschließlich der leeren Menge und zwei Regeln. Die erste Regel, Conways logische Definition einer Zahl, kann man sich an den Bänden eines Nachschlagewerks, das auf einem Bücherregal aufgereiht steht, veranschaulichen. Nach dieser Definition kann der Platz eines Bandes in der Bücherreihe über die Bände zu seiner Linken und zu seiner Rechten bestimmt werden. Wir können feststellen, wo zum Beispiel der neunte Band hingehört, indem der Platz bestimmt wird, an dem die Bände null bis acht auf der linken Seite und die Bände zehn bis unendlich auf der rechten Seite stehen. So hat jeder Band, jede Zahl, eine eigene Nische, die eindeutig durch die rechten und linken Mengen festgelegt ist. Dies ist der Inhalt der ersten Regel.

Seine zweite Regel, die wieder an den Bänden eines Nachschlagewerkes verdeutlicht werden soll, legt fest, daß eine Zahl, etwa 5, kleiner ist als eine andere Zahl, etwa wie 9, wenn zwei Dinge gleichzeitig zutreffen: A) Alle Bände zur Linken der ersten Zahl (5) sind kleiner als die zweite Zahl (9) und B) alle Bände zur Rechten der zweiten Zahl (9) sind größer als die erste Zahl (5). Diese Regel ist für Conway erforderlich, um die Zahlen, beginnend mit null, ordnen zu können: Null ist kleiner als 1, deshalb kommt sie vor die 1; 1 ist kleiner als 2, deshalb kommt sie vor die 2; und so fort.

Weil er zu Beginn seiner Überlegung, wie Frege, nicht von der Existenz irgendeiner Zahl ausging, hatte Conway zu Beginn Zahlen zu schaffen. Deshalb dachte Conway als erstes über die

Zahl nach, deren linke und rechte Mengen jeweils die leeren Mengen sind, geschrieben {:}. Dies nannte Conway null. In Conways Theorie ist damit, wie in der Freges, das Nichts die einfachste Realisation von nichts.

Nachdem er die Null erzeugt hatte, standen Conway zwei Mengen zur Verfügung, mit denen er weitere Zahlen erzeugen konnte: die leere Menge, { }, und die Menge, die die Null enthält, {0}. Conway identifizierte die Zahl 1 als diejenige, deren linke Menge die Null enthält und deren rechte Menge die leere Menge ist. So ist also an diesem Punkt der Conwayschen Schöpfung die Zahl 1 auf der linken Seite vom Nichts und auf der rechten Seite von nichts flankiert. Auf der linken Seite ist das Potential bereits (als Null) realisiert, und auf der rechten Seite ist das Potential noch nicht verwirklicht.

An jedem Punkt seiner Schöpfung wählte Conway als nächste Zahl immer die, deren linke Menge alle zuvor erschaffenen Zahlen enthält und deren rechte Menge immer die leere Menge ist. Er geht hier so vor, als sei er von dem Bild des Nachschlagewerks geleitet. Zu jedem Zeitpunkt wird ein neu erschienener Band rechts von den bereits eingestellten Bänden links zum leeren Raum eingeordnet, der in dieser Analogie das Merkmal des physikalischen Vakuums hat, eine Zahl zu repräsentieren, die noch nicht zum Leben erweckt wurde. Mit diesem unendlich fortgesetzten Verfahren schuf Conway die gesamte Folge der natürlichen Zahlen.

Von dort aus geht er aber weiter, um eine unendliche Zahl von Zahlen »dazwischen« zu erzeugen, wie die Zahl, deren linke Menge die Null enthält, {0}, und deren rechte Menge eins bis unendlich enthält, { 1, 2, 3, ... }. Damit ist eine Zahl irgendwo zwischen null und eins definiert. So wird die normale Menge von Nachschlagewerken, die natürlichen Zahlen, mit einer unbegrenzten Zahl von Zwischenbänden ausgeschmückt. Und damit ist es noch nicht zu Ende.

Mit der Logik seiner Methode kann Conway Zwischen-Zwischen-Zahlen erzeugen, dann Zahlen zwischen diesen, usw., ad infinitum. Das Ergebnis ist eine endlose Hierarchie von Zwischen-Zahlen, die niemals zuvor in der Mathematik benannt worden sind.

Conways Theorie hat auch unbeschreibliche graphische Konsequenzen. Das traditionelle mathematische Wissen besagt, daß die Kante eines Lineals, eine Zahlengerade, eine Aneinanderreihung von Punkten ist, die entweder mit einer natürlichen Zahl, einem Bruch oder einer irrationalen Zahl versehen werden können. Alle diese Punkte (oder ihre numerischen Etiketten) zusammengenommen, stellen ein Kontinuum dar, das keine Lükken mehr zwischen benachbarten Punkten aufweist. Conways Theorie legt uns jedoch nahe, uns Zahlen vorzustellen, die sich in unvorstellbare Risse zwischen den kontinuierlichen Punkten des Lineals einfügen und zwischen diesen wiederum neue Risse und so fort. Mit seiner Theorie hat Conway eine Spekulation erhärtet und glaubwürdig gemacht, die schon lange gehegt wird: Theoretisch gibt es keine Grenze für die fortgesetzte Teilung eines Objektes.

Conways Aufsatz weist auf das grenzenlose Potential der leeren Menge, aber auch des menschlichen Verstandes hin. Die menschliche schöpferische Energie ist wie »nichts«, sie ist potentiell. Sie ist auch ein nichtabtrennbarer Teil des Lebens, wie zahllose Experimente bestätigen. Menschen, die sich in stillen, dunklen, körperwarmen Wassertanks einschließen lassen, erleben einen Reizentzug und beginnen nach einiger Zeit zu halluzinieren. Dies ist so, als ob der menschliche Geist nicht aufhören kann, etwas aus nichts zu machen, sogar – oder gerade dann – wenn er ins Nichts eintaucht.

Wie das Vakuum des Physikers kann der menschliche Geist dazu veranlaßt werden, Gedanken zu ersinnen, die scheinbar aus nichts kommen. Über die Zeitläufe hinweg haben Mathematiker dieses allgemeine Phänomen dokumentiert. Der Deutsche Carl Friedrich Gauss erinnerte sich, daß er jahrelang erfolglos versucht hatte, einen besonderen Lehrsatz der Arithmetik zu beweisen, und dann, als er einige Tage nicht mehr an dies Problem dachte, kam ihm die Lösung »wie ein plötzlicher Blitz«. Der französische Mathematiker Henri Poincaré berichtete ebenfalls von der monatelangen, vergeblichen Arbeit an einem Problem. Dann eines Tages, als er mit einem Freund sich über einen völlig anderen Gegenstand unterhielt, erinnerte sich Poincaré, daß »... die Idee in mein Bewußtsein kam, ohne daß meine vorherigen Gedanken in irgendeiner Weise den Weg dafür bereitet hätten«.

In diesem Sinn ist der menschliche Verstand die wirkliche leere Menge in Freges und Conways Zahlentheorien; die mathematische leere Menge ist nur eine untergeordnete Größe, geschaffen nach dem Selbstbild des Verstandes. Und wenn Freges und Conways schöpferische Erfahrungen denen von Gauss und Poincaré vergleichbar sind, dann war es das Nachdenken über nichts Besonderes, das den Gegenstand der Arithmetik erweiterte. Ihrem Verstand im besonderen verdanken wir das Mittel, mit dem wir den außerordentlichen Unterschied zwischen dem Nichts und nichts erkennen können.

II
Kompromisse

Nicht-euklidische Geometrien
Alles andere als gesunder Menschenverstand

> Eine Gruppe von Jägern ging, nachdem sie ihr Lager aufgeschlagen hatten, auf Bärenjagd. Sie wanderten eine Meile nach Süden, und dann eine Meile nach Osten. An dieser Stelle machten sie einen Bären aus. Nachdem sie ihre Beute erlegt hatten, kehrten sie zum Lager zurück und stellten fest, daß sie insgesamt drei Meilen zurückgelegt hatten. Welche Farbe hatte der Bär?
>
> (Amerikanisches Rätsel)

Unser Hang, die natürliche Welt mit dem gesunden Menschenverstand zu betrachten, hat zu allen Zeiten glauben lassen, daß die Erde tatsächlich auf- und untergeht, die Sterne sich um die Erde drehen, die Erde das Zentrum des Universums ist und daß die Erde eine Scheibe ist. Alle diese anthropozentrischen Überzeugungen waren nur schwer auszurotten; mit keiner war dies allerdings so schwierig wie mit der Meinung, das Universum sei in gewisser Hinsicht nur eine Erweiterung der irdischen Umgebung.

Bis ins frühe 19. Jahrhundert herrschte der Glaube, die Gesetze der euklidischen Geometrie wären, wie hier auf der Erde, für das Universum als Ganzes gültig. Der Glaube an ein solches Universum erzeugte ein behagliches Gefühl; als er jedoch schließlich widerlegt worden war, verlor das Universum seine Vertrautheit – und der gesunde Menschenverstand verlor seine Glaubwürdigkeit als zuverlässiger Beurteilungsmaßstab.

Verantwortlich für diese Diskreditierung war eine Entdekkung im Jahre 1824, daß es neben der Geometrie Euklids noch andere gab, die genauso mathematisch gültig waren, jedoch Universen beschrieben, die sich in höchst dramatischer Weise vom euklidischen Universum unterschieden. Mit dieser Entdeckung tauchte auf einmal die Möglichkeit auf, daß unser Universum überhaupt nicht euklidisch, sondern eines von denen war, die von den neuen Geometrien beschrieben wurden.

Damit wurde das Universum wieder zu einer unbekannten Größe, und in den darauffolgenden Jahrzehnten wurde unser Verständnis des Universums auf eine neue Grundlage gestellt.

Zum Großteil geschah dies durch die Ideen in Einsteins Allgemeiner Relativitätstheorie nach 1920. Danach beruhte unsere Beziehung zum Universum nicht mehr auf dem gesunden Menschenverstand, sondern auf einem nichtalltäglichen Verständnis, das uns von der modernen Geometrie zur Verfügung gestellt wurde.

Die Geometrie, die schließlich mit dem Namen Euklids verknüpft wurde, entstand im alten Ägypten als praktisches Wissen über Landvermessung und Baukunst (das Wort Geometrie kommt aus dem Griechischen und besitzt die Bedeutung »die Erde vermessen«). Die fruchtbaren Ideen zu Punkten, Geraden, Ebenen und Körpern wurden nach Vorstellungen entwickelt, die aus Erfahrungen mit Grenzsteinen, Feldwegen, Äckern und Steinblöcken abgeleitet worden waren. Der wichtige geometrische Begriff von Parallelen, Geraden, die sich niemals schneiden, war zweifellos bei den Ägyptern mit solch alltäglichen Erscheinungen wie Ackerfurchen und Radspuren zweirädriger Karren verbunden. In ihren Ursprüngen sollte man sich die Geometrie als eine Sammlung von Gemeinplätzen über das Verhalten von Punkten, Geraden, Ebenen und Körpern auf der Erde vorstellen. Tatsächlich war die Geometrie in den Augen der Ägypter, und später auch der Babylonier und Griechen eine Sammlung von Wahrheiten nicht nur über das Verhalten dieser Objekte auf der Erde, sondern im gesamten Universum.

Zur Zeit Euklids, etwa gegen 300 v. Chr., benutzten Astronomen die Lehrsätze der Geometrie im Sinne naturwissenschaftlicher Gesetze. Wenn sie wie der Astronom Eudoxus annahmen, daß sich die Sterne auf einer Kristallkugel bewegten, war eine Weltenkugel für sie genau das gleiche wie eine Kugel auf der Erde. Und wenn sich die Astronomen die Entfernung zwischen zwei Himmelskörpern vostellten, nahmen sie als gegeben an, daß im Weltraum die kürzeste Entfernung zwischen zwei Punkten eine Gerade ist, genauso wie auf der Erde (von der sie annahmen, daß sie flach ist). Kurz gesagt, die griechischen Astronomen wendeten ihre irdischen Erfahrungen unbekümmert auf die Geometrie des Universums an, das ein weitaus größerer Schauplatz als die Erde ist.

Euklids Beitrag zur Geometrie verstärkte nur den Glauben an ihre universale Gültigkeit. Er zeigte, daß die vielen hundert geometrischen Lehrsätze, die im Laufe der Jahrhunderte zusammengetragen worden waren, logisch aus nur zehn Postulaten hergeleitet werden konnten. Unter den zehn fanden sich solche universellen Gemeinplätze wie »eine Gerade kann zwischen zwei Punkten gezogen werden«; »Alle rechten Winkel sind gleich«; »Wenn gleiche Teile gleichen Teilen hinzugefügt werden, sind die Summen gleich« und »Das Ganze ist größer als der Teil«. Euklids Leistung war außerordentlich und beispiellos, und sie verlieh der Geometrie eine Aura universeller und unwiderlegbarer Wahrheit.

In Frage gestellt wurden nur das zweite und fünfte Postulat von Euklids Überhöhung des gesunden Menschenverstands. Diese Postulate lauteten: »Eine gerade Strecke kann unendlich weit ausgedehnt werden, um damit eine unendlich lange Gerade zu erhalten« bzw. »Gegeben sei eine Gerade und ein Punkt außerhalb der Geraden. Dann kann durch diesen Punkt nur genau eine Gerade gelegt werden, die parallel zur ersten ist.« Zur Zeit Euklids und noch Jahrhunderte danach zweifelten die meisten Mathematiker, der eine mehr, der andere weniger, ob dies echte Postulate wären. Es war nicht so, daß sie die Wahrheit dieser Sätze in Frage stellten – aufgrund des gesunden Menschenverstandes schienen sie wahr zu sein –, sie fragten sich vielmehr, ob diese beiden Postulate wirklich offensichtlich wahr waren. Die Skeptiker glaubten eigentlich, daß Euklids zweites und fünftes Postulat in Wirklichkeit Lehrsätze waren, die logisch aus den anderen acht Postulaten ableitbar waren.

Die Zurückhaltung, diese beiden Postulate als offensichtliche Wahrheiten hinzunehmen, beruhte im wesentlichen auf Gefühlen oder Ahnungen einiger Mathematiker. Manch einer konnte sich nicht zu einer offensichtlichen oder selbstevidenten Wahrheit bekennen, die irgend etwas mit der Unendlichkeit zu tun hatte; anderen war besonders das fünfte Postulat verdächtig, weil es eine Idee ausdrückte, von der sie meinten, sie setze mehr voraus als die anderen. Aus welchen Gründen auch immer, diese Skeptiker zögerten, das zweite und das fünfte euklidische Postulat nur als Glaubenssatz hinnehmen zu können; die Skeptiker wollten Beweise für die Wahrheit der Postulate.

Diese erhofften Beweise kamen jedoch nie. Im Gegenteil. Im Jahre 1824 erreichte den berühmten deutschen Mathematiker Carl Friedrich Gauss eines Tages der Brief von einem alten Schulfreund, Farkas Bolyai. Bolyai, ein Mathematiklehrer, bat Gauss, ein beigefügtes Manuskript seines Sohnes Janos zu beurteilen. Der junge Bolyai hatte eine erstaunliche Entdeckung gemacht, die den ungewissen Status von Euklids fünftem Postulat nun endlich zu beseitigen schien.

Als erstes hatte Janos Bolyai bewiesen, daß das Parallelenpostulat tatsächlich ein Postulat war. Wenn es ein Bestandteil der euklidischen Geometrie war, mußte es als selbstevident hingenommen werden.

Bolyai jr. zerstörte auch den lang in Ehren gehaltenen Glauben an die Universalität der euklidischen Geometrie. Er tat dies, indem er zunächst Euklids Parallelenpostulat durch ein anderes ersetzte, das dem gesunden Menschenverstand scheinbar völlig widersprach: »Gegeben sei eine Gerade und ein Punkt außerhalb der Geraden. Dann kann durch diesen Punkt eine unendliche Zahl von Geraden gelegt werden, die zur gegebenen Geraden parallel sind.« Dann leitete Janos aus diesem und aus den übrigen neun Euklidischen Postulaten Lehrsätze ab, die sich höchst dramatisch von denen der euklidischen Geometrie unterschieden, aber genauso logisch begründet waren. Sie beschrieben, wie er später sagte »ein neues Universum«. Besonders wegen des Parallelenpostulats unterscheidet sich die Geometrie dieses »neuen« Universums völlig von der unserer irdischen Umgebung.

Gauss las das Manuskript mit großem Interesse und einer gewissen Vertrautheit, denn er hatte dieselben Entdeckungen einige Jahre zuvor selbst gemacht. Er teilte dies dem älteren Bolyai in einem Brief mit und schrieb, er hätte über diese Entdeckung Stillschweigen bewahrt, aus Furcht vor dem ausgesprochenen Mißvergnügen, das diese Entdeckung bei seinen Kollegen wahrscheinlich auslösen würde. Damals wurde Euklids Geometrie genauso verehrt wie die Bibel; die geschilderte Entdeckung entsprach der Entdeckung einer zweiten Bibel, die ein Christentum beschreibt, das sich vom ersten völlig unterscheidet.

Im Jahre 1832 machte der russische Mathematiker Nikolaus I. Lobatschewskij, unabhängig von Gauss und Bolyai, dieselbe Entdeckung. Anscheinend hat diese Nachricht, verbunden mit der Mitteilung von Gauss zuvor, den jungen Bolyai so sehr entmutigt, daß er auf eine Karriere in der Mathematik verzichtete und in die k. u. k.-Kavallerie eintrat.

Als die Mathematiker zum ersten Mal von dieser Entdeckung hörten, reagierten sie lediglich gefühlsmäßig, wie Gauss es erwartet hatte. Die erste Reaktion war Unglauben: Es schien unmöglich zu sein, daß (1) sowohl Euklids Geometrie nur eine von mehreren Geometrien und nicht die universelle war, als auch, daß (2) eine mathematisch sinnvolle Geometrie aus einem Postulat hergeleitet werden konnte, das augenscheinlich nicht selbstevident war.

An diesen zweiten Punkt konnten sich die Mathematiker nur besonders schwer gewöhnen. Die wesentlichste Folgerung aus ihm besagt, daß die Mathematik nur eine Erfindung der menschlichen Vorstellungskraft ist und nicht die zusammengetragenen universellen Wahrheiten, die auf dem gesunden Menschenverstand beruhen. Wenn jemand wie Bolyai, Gauss oder Lobatschewskij einfach ein Postulat erfinden konnte, das nicht unbedingt etwas mit dem gesunden Menschenverstand zu tun hat – und das hatte es ganz gewiß nicht – und dann daraus ein logisch gültiges, mathematisches System ableiten konnte, dann war die Mathematik selbst eine Erfindung. Insbesondere war dann die euklidische Geometrie eine Erfindung, wenngleich eine, die sich mehr auf Prinzipien des gesunden Menschenverstands bezog als die von Lobatschewskij (wie Mathematiker jetzt auf diese dreifache Entdeckung Bezug nehmen).

Gegen Ende des 19. Jahrhunderts hatten die Mathematiker diese Entdeckung, die sie so gründlich von den traditionellen Begrenzungen der euklidischen Geometrie befreit hatte, weitgehend akzeptiert. Sie spielten jetzt sogar mit dem Gedanken, daß es viele mathematisch gültige Geometrien geben könnte und daß man die Frage, welche dieser Geometrien am besten das Universum beschreibt, lieber den Naturwissenschaftlern überlassen sollte.

Damals kannten die Mathematiker bereits die drei Grundarten der Geometrie, die heute verwendet werden. Neben den Geometrien Euklids und Lobatschewskijs gibt es noch die Geometrie Bernhard Riemanns, so benannt nach dem deutschen Mathematiker, der diese im Jahr 1854 erfand.

Riemanns Geometrie unterscheidet sich von der Euklids im zweiten und fünften Postulat; in beiden Fällen steht sie im Widerspruch zum gesunden Menschenverstand. Riemanns zweites Postulat, »Eine endliche Gerade kann nicht so ausgedehnt werden, daß aus ihr eine unendlich lange Gerade entsteht«, ist buchstäblich das logische Gegenteil zur euklidischen Version. Riemanns fünftes Postulat, das Parallelenpostulat, unterscheidet sich sowohl vom euklidischen wie auch von dem Lobatschewskijs. Es lautet: »Gegeben sei eine Gerade und ein Punkt außerhalb der Geraden. Dann kann durch diesen Punkt keine Gerade gelegt werden, die parallel zur gegebenen Gerade ist.«

Weil Lobatschewskijs und Riemanns Geometrie mindestens auf einem Postulat basieren, das nicht mit unserem erdgebundenen gesunden Menschenverstand übereinstimmt, beschreiben sie das Verhalten von Punkten, Geraden, Ebenen und Körpern in Welten, die unseren Sinnen fremd sind. Dennoch können diese beiden bizarren, nicht-euklidischen Geometrien in zwei bekannten Figuren veranschaulicht werden.

Eine Welt, in der die Geometrie Lobatschewskijs die Wirklichkeit beschreibt, gleicht der Oberfläche von zwei unendlich langen Fanfaren, deren Trichter aneinanderstoßen. Diese Oberfläche wird Pseudosphäre genannt, sieht aber überhaupt nicht aus wie eine Sphäre oder Kugel. In einer derartigen Welt laufen die Geraden längs der trompetenähnlichen Oberfläche. Mit diesem Bild und etwas Konzentration kann man sehen, wie das Parallelenpostulat Lobatschewskijs sinnvoll erfüllt wird. Mit der besonderen Form der trompetenähnlichen Oberfläche ist es möglich, eine unendliche Zahl von unterscheidbaren Geraden durch einen einzigen Punkt zu ziehen, so daß jede dieser Geraden parallel zu einer gegebenen Geraden liegt.

Sich die Welt der Riemannschen Geometrie vorzustellen ist leichter. Eine solche Welt gleicht einer großen Kugel, und eine gerade Linie gleicht dem Bogen eines Großkreises (Bogen und gerade Linie entsprechen sich hier genau, weil auf einer Kugel der Bogen die kürzeste Entfernung zwischen zwei Punkten ist, so wie eine gerade Linie die kürzeste Entfernung auf einer ebenen Fläche ist). Man kann mit diesem Modell leicht erkennen, wie die zwei, gegen die Einsicht sprechenden Postulate Riemanns erfüllt werden können. Im Falle seines zweiten Postulats können gerade Linien nicht unendlich ausgedehnt werden, um eine unendlich lange gerade Linie zu erhalten, weil sie wie Bogen eines Großkreises sind, der einen endlichen Durchmesser, festgelegt durch den Kugeldurchmesser, hat. Im Falle seines fünften Postulats können in der Riemannschen Welt keine Parallelen existieren, weil Großkreise einer Kugel immer zusammenlaufen.

Die Welt, in der die euklidische Geometrie die Wirklichkeit beschreibt, kann auch mit einer Oberfläche verglichen werden, der normalen Ebene. Hier kann man besonders leicht sehen, wie das euklidische Parallelenpostulat erfüllt wird: Auf einer ebenen Fläche kann nicht mehr als eine Gerade durch einen Punkt gelegt werden, die zu einer Geraden parallel ist. Ebenso können auf einer ebenen Fläche Geraden unendlich verlängert werden.

Der Frage, die die Mathematiker den Naturwissenschaftlern überlassen wollten – gleicht die Geometrie des Universums einer Pseudosphäre, einer Kugel oder einer Ebene? –, schenkten die Naturwissenschaftler bis weit in das 20. Jahrhundert hinein keinerlei Beachtung. Der wesentliche Grund für diese Nichtbeachtung einer sehr bedeutsamen Frage lag in der Zeit, die die Naturwissenschaftler brauchten, um zu erkennen, ob diese Frage beantwortet werden konnte.

Diese Erkenntnis kam nicht von selbst, so wie es nicht selbstverständlich ist, wie man aus einem nur kleinen Teil eines Ganzen die Geometrie dieses Objekts bestimmt. Dies schien für uns genauso durchführbar zu sein, wie es für einen Rankenfußkrebs möglich wäre, die Geometrie des Wales zu bestimmen, an dem er sich verankert hat. Der Naturwissenschaftler, der als erster erkannte, daß diese Frage im Prinzip beantwortet werden kann, war Albert Einstein.

1915 veröffentlichte Einstein seine Allgemeine Relativitätstheorie, die erklärte, wie man die globale Geometrie von einem Gegenstand so groß wie das Universum aus vergleichsweise mikroskopischen Beobachtungen, wie sie dem Menschen möglich sind, bestimmen konnte. Der Kern dieser Erklärung kann am folgenden Beispiel illustriert werden. Stellen Sie sich vor, Sie wären ein Landvermesser, der die Form der Erde ermitteln soll, indem er über einen kleinen Teil der Erdoberfläche wandert. Ausgerüstet mit den genauesten Instrumenten, beginnen Sie damit, nacheinander jeweils 100 Kilometer in drei Richtungen zu gehen: nach Süden, nach Westen und Norden. Sie können jetzt schon vorwegnehmen, daß Sie genau da wieder ankommen, wo Sie begonnen haben, wenn Sie noch genau 100 Kilometer nach Osten gehen. Mit dieser Erwartung im Hinterkopf legen Sie die letzte Strecke Ihrer Wanderung zurück; Sie kommen jedoch früher zu Hause an, als erwartet. Ihre Meßinstrumente zeigen weniger als 100 Kilometer für die letzte Strecke an – etwa 99 Kilometer. Entweder hat sich der Ausgangspunkt während Ihrer Wanderung verschoben, oder die Genauigkeit Ihrer Meßinstrumente läßt zu wünschen übrig. Was ist wirklich passiert?

Sie sind Ihrem gesunden Menschenverstand zum Opfer gefallen: Er hat Sie dazu verleitet, von einer flachen, ebenen Erde auszugehen, auf der die vier Hauptrichtungen zueinander genau senkrecht liegen. Ihr Ausgangspunkt hat sich nicht verschoben, und Ihre Instrumente sind in Ordnung – in der Tat, die Instrumente lassen Sie wissen, daß die Erde nicht eben ist. Sie sind nicht an einem perfekten Quadrat entlang gegangen, wie Sie es angenommen hatten, weil die Erde annähernd eine Kugel ist.

Auf Ihrer Wanderung ist Ihnen folgendes zugestoßen. Als Sie

irgendwo auf der nördlichen Halbkugel begannen, wanderten Sie nach Süden, in Richtung Äquator, an einem Längenkreis entlang. Nach 100 Kilometern wanderten Sie 100 Kilometer nach Westen auf einem Breitenkreis, dann 100 Kilometer nach Norden in Richtung Nordpol auf einem anderen Längenkreis. Ihr Heimweg von diesem Punkt aus war kürzer als 100 Kilometer, weil Längenkreise in Richtung Nordpol konvergieren (und auseinanderlaufen, wenn sie sich dem Äquator nähern).

(Sie haben vielleicht mittlerweile herausbekommen, daß die Farbe des Bären im noch nicht gelösten Rätsel weiß sein muß, weil der dreieckige Weg nur Sinn macht, wenn einer seiner Scheitelpunkte, der Lagerplatz, der Nordpol ist.)

Heute hoffen die Astronomen in gleicher Weise die Geometrie des Universums erschließen zu können – das heißt durch die höchst genaue Vermessung eines Teils. Sie schätzen ihre Chancen optimistisch ein, teilweise, weil sie Einstein und seiner Theorie vertrauen, teilweise, weil sie die verschiedenen Geometrien mittlerweile so gut verstehen, daß ein »außerordentlicher« Sinn Bestandteil unseres Denkens geworden ist. Durch dieses Gegenteil des gesunden Menschenverstandes können wir die Vertrautheit mit Gegenständen, einschließlich hypothetischer Welten, vorantreiben, die, physikalisch gesehen, für uns unzugänglich und so völlig wesensfremd für unseren gesunden Menschenverstand sind.

Bewaffnet mit optischen und Radioteleskopen und mit der Einsteinschen Theorie vermessen moderne Kosmologen die lokale Verteilung von Materie – Grenzsteine, die hauptsächlich als Sterne und diffuse Gas- und Staubwolken vorliegen. Sie wollen damit die Frage der Geometrie des Universums beantworten. Bisher sind ihre Beobachtungen nicht präzise genug, um eine eindeutige Antwort zu erhalten, aber es sieht immer mehr danach aus, daß die Geometrie des Universums der von Gauss, Bolyai und Lobatschewskij gleicht.

In gewissem Sinn ist dieses vorläufige Ergebnis, in der Boxersprache ausgedrückt, der zweite Schlag einer Doublette gegen unsere historische Begeisterung für die euklidische Geometrie. Angesichts dieses und zahlreicher anderer Schläge gegen den gesunden Menschenverstand in den letzten Jahrtausenden sollten wir uns fragen, ob wir unserem gesunden Menschenverstand überhaupt trauen dürfen, wenn wir das weite Universum untersuchen.

Unser Wissen und Verstehen nicht-euklidischer Geometrie

beantwortet uns diese Frage. Mathematiker erkennen jetzt, daß die drei möglichen Geometrien nicht unterschieden werden können, wenn wir sie aus der Perspektive einer Ameise betrachten, obwohl sie aus der Vogelperspektive betrachtet sehr verschieden aussehen.

Dieser Unterschied kann leicht an den Modelloberflächen veranschaulicht werden. Von einem sehr weit entfernten Standpunkt aus können die Pseudosphäre, die Kugel und die Ebene nicht miteinander verwechselt werden. Aber unter einer sehr engen Perspektive, aus sehr kurzer Entfernung, sehen alle drei gleich aus – sie sehen alle wie Ebenen aus.

Diese Tatsache sollte uns nicht überraschen, weil sie mit den Gründen übereinstimmt, aus denen heraus unsere Vorfahren die gekrümmte Oberfläche der Erde als flache Scheibe sahen. Aber die mathematischen Verhältnisse hätten sich auch anders darstellen können – es hätte sich auch herausstellen können, daß alle Geometrien, aus der Nähe betrachtet, wie Riemannsche oder Lobatschewskijsche aussehen. Tatsächlich hat es sich gezeigt, daß allein der euklidischen Geometrie diese Rolle in der Mathematik zukommt. Damit ist etwas über die Ursprünge unseres euklidischen gesunden Menschenverstandes gesagt.

Alles ist eine Frage des Maßstabs; unser euklidischer gesunder Menschenverstand hat nichts mit unserer Humanität noch mit unserer menschlichen Umwelt an sich zu tun. Der gesunde Menschenverstand, der uns über zweitausend Jahre an die Universalität von Euklids Geometrie glauben ließ, hängt nur vom Maßstab unserer Existenz und dem Blickwinkel unserer Sinne ab, und nicht von irgendeiner einmaligen anthropozentrischen Neigung. Vielleicht leben irgendwo im Universum andere Geschöpfe, die mit uns die eingeengte Perspektive teilen, die ebenfalls am Anfang ihrer intellektuellen Geschichte die euklidische Geometrie verehrten.

Ironischerweise, weil wir diesen außergewöhnlichen Sinn in der Auseinandersetzung mit den nicht-euklidischen Geometrien erworben haben, ist unser gesunder Menschenverstand zugleich gedemütigt und gepriesen worden. Er ist gedemütigt worden, weil wir jetzt wissen, daß er ein unzuverlässiger Führer ist für das Verstehen der Welt und dessen, was jenseits von ihr liegt. Aber zur gleichen Zeit ist er gepriesen worden, weil wir jetzt mit mathematischer Genauigkeit wissen, daß unser gesunder Menschenverstand universal ist, wenn das extraterrestrische Leben so verbreitet ist, wie viele Astronomen annehmen.

Gödels Lehrsatz
Ein Glaubensbekenntnis

> Was festgelegt, geordnet, vorhanden ist, reicht niemals aus, um die ganze Wahrheit zu erfassen.
>
> (Boris Pasternak)

Bis vor ungefähr fünfzig Jahren hatte für einen Mathematiker das Wort Wahrheit die gleiche Bedeutung wie der Begriff des logischen Beweises. Eine Hypothese war wahr, wenn sie mit der Logik bewiesen werden konnte, und falsch, wenn dies nicht gelang. Aus diesem Grund hatten die Mathematiker in einer Welt der Phantasie gelebt, einer Welt, in der nichts dem Glauben überlassen wurde, weil alles entweder als wahr oder als falsch bewiesen wurde. Im Gegensatz dazu ist die Welt, die uns übrigens vertraut ist, eine Welt, in der der Glaube eine wesentliche Rolle in der Wahrheitsfindung spielt. Insbesondere werden kontroverse Hypothesen (wie die Darwinsche und teleologische Theorien) weitgehend als wahr akzeptiert, selbst wenn sie nicht bewiesen worden sind und vielleicht niemals bewiesen werden können.

Im Jahre 1931 jedoch rückte die Phantasiewelt der Mathematiker der realen Welt ein Stückchen näher. In diesem Jahr bewies der Brünner Logiker Kurt Gödel, daß es immer mathematische Wahrheiten geben wird, die nicht mit der Logik bewiesen werden können. Plötzlich hatte die Subjektivität in der mathematischen Welt einen festen Platz, da der einzig mögliche Weg für die Feststellung einer nichtbeweisbaren Wahrheit, sei sie mathematischer oder anderer Natur, die Annahme eines Glaubensbekenntnisses ist (die Subjektivität hatte schon immer eine informelle Rolle insoweit gespielt, als Mathematiker üblicherweise Vermutungen und andere intuitive Eingebungen in die Formulierung von Hypothesen einfließen ließen). Die Konsequenzen dieser Aufnahme der Subjektivität sind bisher noch nicht absehbar: Die Mathematiker haben die mögliche Existenz von nichtbeweisbaren Wahrheiten hingenommen, haben sich aber noch nicht entschieden, welche Rolle genau – wenn überhaupt – der Glaube in ihrer neuen Welt nach Gödel übernehmen könnte.

Tatsächlich hatte schon um die Jahrhundertwende die alte

Welt der Mathematiker begonnen, der neuen Platz zu machen. Die Logik, die immer als ein unfehlbares Beweismittel gesehen worden war, stand bereits damals unter Verdacht. Mathematiker wie der britische Logiker Bertrand Russell entdeckten logische Widersprüche, die nicht ohne einige Korrekturen an der traditionellen Logik aufgelöst werden konnten. Das Bild wurde noch komplizierter, weil sich die Mathematiker nicht einig waren, welche der verschiedenen Korrekturmöglichkeiten durchgeführt werden sollten.

Diese Entwicklungen waren zu jener Zeit besonders beunruhigend, weil viele Mathematiker sich gemeinsam anstrengten, arithmetische Wahrheiten in der gleichen Weise abzuleiten, wie Euklid seine geometrischen Wahrheiten hergeleitet hatte – das heißt auf logische Weise, von wenigen Annahmen ausgehend. Es war eine bedeutende Anstrengung, weil sich die Arithmetik jahrhundertelang planlos entwickelt hatte, und auf diesem Weg war sehr viel ohne Beweis akzeptiert worden, so daß sich kein Mathematiker der logischen Stimmigkeit der Arithmetik sicher sein konnte. Der Erfolg dieser Anstrengungen war noch nicht gesichert, während die Debatte über den richtigen Weg für die Korrektur der Logik noch 1930 und danach anhielt.

Dann, im Jahre 1931, machte Gödel alle Anstrengungen zunichte und brachte die Debatte mit seinem Beweis zum Verstummen, daß es immer mathematische Wahrheiten geben wird, die nicht mit der Logik bewiesen werden können. Dieses Ergebnis war schon bemerkenswert, aber was Gödels Leistung noch wichtiger macht, ist die Tatsache, daß er die Logik benutzt hatte, um die Logik zu belasten.

Er tat dies, indem er eine Hypothese wie »die Wahrheit dieser Hypothese kann nicht mit Hilfe der Logik bewiesen werden« untersuchte. Diese Aussage ähnelt der suggestiven Frage in einer Fernsehwerbung: »Ist es wahr, daß, wenn Sie nein sagen, Sie eigentlich ja meinen?« Aufgrund des besonderen Selbstbezugs führt Gödels Hypothese unentrinnbar zu einem Widerspruch, gleich ob sie als wahr oder als falsch angenommen wird.

Stellen Sie sich auf der einen Seite vor, daß wir die Wahrheit der Hypothese logisch beweisen können. Wenn sie wahr ist, haben wir die Annahme widerlegt, daß »die Wahrheit dieser Hypothese logisch nicht bewiesen werden kann«, was in Wirklichkeit bedeutet, daß die Hypothese tatsächlich falsch ist. Kurz, durch den Wahrheitsbeweis der Hypothese haben wir ihre Falschheit bewiesen, was nun wirklich unsinnig ist.

Stellen Sie sich auf der anderen Seite vor, daß wir die Falschheit der Hypothese logisch beweisen können. Dies bedeutet, daß wir die Annahme »diese Hypothese kann logisch nicht als wahr bewiesen werden« bestätigt haben und daß die Hypothese tatsächlich wahr ist. Kurz, durch den Falschheitsbeweis dieser Hypothese haben wir ihre Wahrheit bewiesen, was wiederum unsinnig ist.

Gleichzeitig ist es nun als Ergebnis dieser Analyse offensichtlich, daß die Hypothese wahr ist: »Die Wahrheit dieser Hypothese kann logisch nicht bewiesen werden.« Wir können nicht sagen, daß wir die Wahrheit dieser Hypothese bewiesen haben, weil wir uns dann wieder in den logischen Widerspruch verwikkeln, aber wir können sagen, daß diese Hypothese irgendwie offensichtlich wahr ist!

Dies war die Entdeckung, die Gödel vermuten ließ, daß eine unendliche Zahl von mathematischen Hypothesen existieren muß, die sich in dieser Weise verhalten. Hypothesen sind extralogisch offensichtlich wahr, aber können mit Hilfe der Logik nicht bewiesen werden. Diese Hypothesen will ich »unbeweisbare Wahrheiten« nennen.

Gödels Ergebnis gibt im einzelnen nicht an, wieviele unbeweisbare Wahrheiten in der Mathematik anzutreffen sind, noch trägt es dazu bei, die Natur dieser extralogischen Fähigkeit aufzuklären, die es einem Mathematiker ermöglicht, eine arithmetische Wahrheit zu erkennen, die logisch nicht beweisbar ist. Grundsätzlich müssen Mathematiker jetzt in einer Welt handeln, in der jede mathematische Hypothese möglicherweise eine unbeweisbare Wahrheit ist und in der es noch unklar ist, welches extralogische Prinzip für die Bewertung der Wahrheit einer Hypothese heranzuziehen ist, die der unbeweisbaren Wahrheit verdächtigt wird.

Ein Beispiel einer solchen Hypothese aus der Arithmetik ist die Goldbachsche Vermutung, die besagt, daß jede gerade Zahl als Summe zweier Primzahlen dargestellt werden kann (eine Primzahl ist eine Zahl, die nur durch sich selbst und durch 1 – ohne Rest – dividiert werden kann wie 1, 3, 5, 7, 11, 13, 17, 19, 23 usw.). Die geraden Zahlen 2, 4, 6 und 8, zum Beispiel, können alle als Summe zweier Primzahlen ausgedrückt werden (1 + 1, 1 + 3, 3 + 3 und 1 + 7).

Diese Vermutung wurde im Jahr 1742 von dem deutschen Amateurmathematiker Christian Goldbach ausgesprochen. Als er sie dem berühmten Schweizer Mathematiker Leonhard Euler vorlegte, konnte dieser sie nicht beweisen, und – obwohl die Vermutung explizit für die Zahlen bis 2.000.000 bestätigt ist – sie ist bis heute noch nicht bewiesen.

Angesichts des Gödelschen Befundes legt dieses Unvermögen der Mathematiker, nach zweihundertfünfzig Jahren die Wahrheit der Goldbachschen Vermutung immer noch nicht bewiesen zu haben, die Vermutung nahe, daß sie entweder unbeweisbar wahr oder einfach falsch ist, ungeachtet der bisher positiven Ergebnisse. Und je mehr Zeit vergeht, um so ungewisser wird es werden, ob der Widerstand der Vermutung gegen eine logische Beweisführung auf eine größere Wahrscheinlichkeit hinweist, daß sie falsch oder unbeweisbar wahr ist.

Die zunehmend drängenden Fragen an die Mathematiker lauten, wie lange sie noch warten und welche Kriterien sie anwenden sollen, um festzustellen, welche der Möglichkeiten wahrscheinlich die richtige ist. Der Gebrauch des Wortes »wahrscheinlich« in Verbindung mit einer Entscheidung über mathematische Wahrheit ist für die Phantasiewelt der Mathematik vor Gödel völlig wesensfremd, aber heute kann die Bedeutsamkeit einer solchen Entscheidung und einer richtigen Entscheidung nicht unterschätzt werden.

Wenn keine Entscheidung in der einen oder anderen Richtung für einen absoluten Beweis getroffen wird, dann wird eine Vermutung, die wahr sein könnte, nutzlos einer Art mathematischen Fegefeuers ausgesetzt. Und wenn eine falsche Entscheidung getroffen wird, wird eine Vermutung, die falsch sein könnte, unangebracht als Grundlage für andere arithmetische Ergebnisse herangezogen. In jedem Fall wäre eine Entscheidung nur vorläufig und nicht endgültig.

Die Kriterienfrage ist von besonders großer Tragweite, weil der Befund Gödels bedeutet, daß die alleinige Grundlage irgendeines Kriteriums notwendigerweise ein extralogisches Glaubensprinzip sein muß. Wenn schließlich ein solches Glaubensprinzip in die Mathematik aufgenommen wird, wird es den Charakter der Mathematik verändern, die genaue Beschaffenheit dieser Veränderung wird jedoch zum großen Teil davon abhängen, welches Prinzip herangezogen wird.

Die Auswahlmöglichkeiten für die Mathematiker zwischen anerkannten Glaubensprinzipien sind groß, zwei Typen jedoch vertreten die jeweiligen Extreme. Dies sind, wie ich sie bezeichnen möchte, das säkulare und das mystische Glaubensprinzip.

Gemäß dem säkularen Prinzip ist eine Hypothese dann vorläufig wahr, wenn sie die einfachste vorhandene Erklärung von Ergebnissen ist. Damit liegt ein Prinzip vor, das die Überzeugung widerspiegelt, daß eine Hypothese intellektuell ästhetischen Ansprüchen genügen – das heißt rational einleuchtend und präzis – und die Ergebnisse erklären sollte.

Von diesem Glaubensprinzip wurde Kopernikus im 16. Jahrhundert geleitet. Er glaubte an die heliozentrische Theorie des Sonnensystems und nicht an die populärere geozentrische Theorie, obwohl beide Theorien die damals vorhandenen Befunde erklärten. Um die beobachteten Bewegungen der Planeten mit der Annahme in Einklang zu bringen, daß die Erde sich im Zentrum des Sonnensystems befindet, waren die Geozentriker gezwungen, ein sehr kompliziertes Modell des Sonnensystems zu vertreten. Im Gegensatz dazu waren die regelmäßigen und symmetrischen Umlaufbahnen, die den Planeten im heliozentrischen Modell von Kopernikus zugeschrieben wurden, intellektuell ansprechender. Nur auf dieser Grundlage vertrat Kopernikus den Heliozentrismus als Gegensatz zum Geozentrismus.

Dieses säkulare Prinzip gehört heute zum Glaubenskanon der modernen Naturwissenschaft und wird allgemein als das Prinzip von Occams Rasiermesser (oder das Gesetz der Sparsamkeit) bezeichnet. Es erhielt seinen Namen nach dem Scholastiker William von Occam, der im frühen 14. Jahrhundert als erster die Ansicht vertrat, daß »non sunt multiplicanda entia praeter necessitatem« (Gegenstände sollen über das unbedingt Notwendige hinaus nicht vermehrt werden) oder wie Ernst Mach, der berühmte österreichische Naturwissenschaftler, es ausdrückte, die Naturwissenschaftler sollen nur an solche Hypothesen glauben, die objektiv und präzise die Befunde erklären. Im Gegensatz zum säkularen Prinzip beurteilt das mystische Glaubensprinzip eine Hypothese nicht nur danach, wie gut sie die Ergebnisse zu erklären vermag, sondern auch danach, ob sie mit einer Philosophie übereinstimmt, die jedem Ding einen Sinn zuschreibt. Während aus dem säkularen Prinzip folgt, daß die Wahrheit einer Hypothese nur mit dem begründet werden kann, was unsere fünf Sinne wahrnehmen können, folgt aus dem mystischen Prinzip, daß die Sinnhaftigkeit ein zusätzlicher, nicht wahrnehmbarer Faktor ist, der bei der Beurteilung einer Hypothese zu berücksichtigen ist.

Von diesem Glaubensprinzip her begründete der Theologe William Paley, ein Archidiakon, der im 19. Jahrhundert lebte, seine Hypothese der göttlichen Schöpfung, die als »Begründung durch den Entwurf« bekannt wurde. Er lehnte die Darwinsche Evolutionshypothese ab, obwohl beide die Ergebnisse, die damals vorlagen, erklärten. Die wissenschaftliche Erklärung der Entstehung der Arten, die auf der offensichtlichen Vielfalt und Harmonie im Pflanzen- und Tierreich basierte, wurde von Darwin ohne die Annahme einer Zweckhaftigkeit vorgenommen. Für Darwin war die Harmonie und Vielfalt ein unvermeidliches Ergebnis eines ungesteuerten Vorgangs, der aus zufälligen genetischen Mutationen nur die auswählt, die ihrer Umwelt am besten angepaßt sind. Im Gegensatz zu Darwins säkularer Hypothese erklärt die mystische Begründung durch den Entwurf dieselbe Harmonie und Vielfalt durch das Wirken eines Schöpfers. Anders als die Hypothese Darwins ist die Begründung durch den Entwurf wahr aufgrund des mystischen Glaubensprinzips, und aus diesem Grund wurde sie von Paley vertreten.

In seiner berühmten Debatte mit Darwin erläuterte Paley die Begründung durch den Entwurf etwa in folgender Weise: Angenommen, Sie fahren mit einem Zug durch eine Landschaft und bemerken einige Felsbrocken an einem Berghang, die die Mitteilung buchstabieren »WILLKOMMEN IN MASSACHUSETTS«. Wahrscheinlich werden Sie nicht bezweifeln, daß diese Felsbrocken mit Absicht so angeordnet worden sind, und dennoch kann jemand den Standpunkt vertreten, daß diese Anordnung zufällig durch das Wirken von geologischen Kräften über viele, viele Jahre hinweg entstanden ist. Diese Person könnte ebenso an das zufällige Erscheinen des menschlichen Lebens auf der Erde glauben. Gleich, was Sie nun tatsächlich glauben, wenn Sie die Anordnung dieser Felsbrocken so deuten, daß Sie in der Tat Massachusetts betreten, gestehen Sie die Wahrheit der teleologischen Interpretation ein. Im anderen Fall wäre Ihr Verhalten irrational – Sie können nicht beides zugleich haben.

Betrachten Sie nun das menschliche Auge. Wie die Felsbrokken kann das menschliche Auge als Sinnesorgan so gedeutet werden, daß es mit Absicht erschaffen wurde oder nur als Ergebnis von Evolutionskräften entstanden ist. Was immer Sie glauben, wenn Ihre Augen das Aussehen der Welt, in der Sie leben, wahrnehmen, räumen Sie damit die Wahrheit der teleologischen Interpretation ein. Schlußfolgerung: Da eine ähnliche Argumentation für jedes unserer außerordentlichen menschlichen Organe – einschließlich des Gehirns – geführt werden kann, folgt daraus, daß der menschliche Körper mit Absicht erschaffen wurde.

In der mathematischen Welt gab es immer zwei, völlig entgegengesetzte Philosophien, aus denen möglicherweise zwei unterschiedliche Glaubensprinzipien entstehen könnten – Prinzipien, die Varianten des säkularen bzw. des mystischen Prinzips sein werden.

Anhänger der säkularen Philosophie werden Formalisten genannt. Sie glauben, daß die Mathematik eine reine Erfindung des menschlichen Geistes ist und daß die mathematischen Hypothesen sich auf nichts Reales beziehen. Aus dem Beweis einer Hypothese folgt nur, daß sie eine erfolgreiche Erfindung ist, ähnlich einem Flugzeug, das tatsächlich fliegt.

Im Gegensatz zu den Formalisten stehen die Platoniker, die Anhänger einer Philosophie, die mit dem mystischen Prinzip verwandt ist. Die Platoniker glauben, daß die Mathematik, wie die Naturwissenschaften, ein unfehlbares Mittel zur Entdekkung von Wahrheiten ist, die unabhängig vom menschlichen Verstand existieren. Für sie beziehen sich mathematische Hypothesen auf reale Dinge – körperlose mathematische Wahrheiten –, und der Beweis einer Hypothese kommt der Verifizierung einer naturwissenschaftlichen Hypothese wie dem Geozentrismus gleich.

Ich kann mir die Situation vorstellen, in dem Formalisten und Platoniker sich in einer Debatte gegenüberstehen, in der die Bewertung von lang bewährten Hypothesen, wie zum Beispiel der Goldbachschen Vermutung, diskutiert wird, deren Wahrheit oder Falschheit mit der Logik allein nicht entschieden werden kann.

Die Formalisten müssen auf der einen Seite solche Hypothesen als erfolglose Erfindungen betrachten. Sie könnten zur Ansicht neigen, daß, wenn eine Erfindung nicht bewiesen werden konnte – oder nicht »geflogen« ist –, sie nach zweihundertfünfzig Jahren Bemühen wahrscheinlich niemals fliegen wird.

Die Platoniker, denen Gödel zuzurechnen ist, werden auf der anderen Seite mathematische Hypothesen, wie etwa die Goldbachsche Vermutung, wahrscheinlich so sehen wie eine naturwissenschaftliche Hypothese, den Darwinismus zum Beispiel, die vermutlich niemals zu beweisen ist, uns aber dennoch durch eine wachsende Zahl von stützenden Befunden nahegelegt ist.

Nehmen wir an, Gödels Befund garantiert, daß ungeklärte

und unerklärbare Hypothesen immer existieren werden. Dann kann man sich vorstellen, daß solche Uneinigkeiten in der mathematischen Welt so alltäglich werden wie Uneinigkeiten über die Existenz Gottes in der realen Welt.

In der Zwischenzeit ist in der Welt der Mathematiker nicht nur die Wahrheit nicht mehr gleichbedeutend mit dem logischen Beweis, sondern auch das Vertrauen in eine logische Beweisführung ist eine Sache des Glaubens. Dies ist der Fall, weil Gödel nicht nur zeigen konnte, daß kein logisches System die Wahrheit aller mathematischen Aussagen beweisen kann, sondern auch, daß kein logisches System seine eigene logische Stimmigkeit nachweisen kann. Der Glaube an die Logik ist in anderen Worten nicht weniger subjektiv wie der Glaube an ein säkulares oder mystisches Erklärungsprinzip, weil die Logik selbst weder logisch noch objektiv verifiziert werden kann.

Das soll nicht heißen, daß die traditionelle Sicht der Logik – nicht dem Zweifel zu unterliegen – mit dem Gödelschen Befund unvereinbar sein muß. Denken Sie an den Geozentrismus, der wie die Logik einstmals unbezweifelbar war vor dem Hintergrund eines mystischen Glaubens an die göttliche Bedeutung des Lebens auf der Erde. In den letzten Jahren konnte der Geozentrismus mit den modernen Naturwissenschaften in Einklang gebracht werden. Das Bewußtsein, daß die Erde einen besonderen Platz im Sonnensystem einnimmt – den einzigen, der für das Leben förderlich war –, obwohl dieser Platz nicht das geometrische Zentrum ist, hat dazu beigetragen. Vielleicht kann in den kommenden Jahren der lang gehegte Glaube der Mathematiker an die Unfehlbarkeit der Logik in ähnlicher Weise mit den Realitäten der modernen Mathematik versöhnt werden. Gödels Ergebnis verschob die Logik aus dem Zentrum der mathematischen Welt, fordert uns aber gleichzeitig heraus, einen nichtzentralen aber einmaligen Platz für dieses seltene Exemplar von Glaubensprinzipien zu finden: ein leidenschaftlicher Glaube, der seine eigenen Fehler bekennt.

III
Das Bestmögliche

Wahrscheinlichkeitstheorie und Statistik
Die dunkle Kristallkugel

> Unter den wenigen Dingen, die wir mit einiger Gewißheit kennen, ... basieren die grundlegenden Mittel, mit denen wir zur Wahrheit finden, auf Wahrscheinlichkeiten.
>
> (Pierre Simon de Laplace)

Alles, was die Physiker über die natürliche Welt herausgefunden haben, bringt uns dazu, die Ungewißheit zu akzeptieren. Sogar vom Verhalten der Atome, von denen die Naturwissenschaftler einst glaubten, es sei vollständig vorhersagbar, wissen wir, daß dies nicht der Fall ist.

Wenn wir unvorhersagbares Verhalten vorhersagen können, können wir dies nur mit Hilfe der mathematischen Wahrscheinlichkeitstheorie und ihres neuzeitlichen Ablegers, der Statistik. Sie sind in einigen Fällen die einzigen Mittel, mit denen unsere unvorhersagbare Welt vorhersagbar zu sein scheint.

Auf einer Skala der Unvorhersagbarkeit liegt das Verhalten von Würfeln, das wir am besten in Begriffen der Wahrscheinlichkeit beschreiben können, irgendwo zwischen vollständig vorhersagbarem Verhalten (zum Beispiel die Bahn des Mondes um die Erde) und vollständig unvorhersagbarem Verhalten (die Ergebnisse eines Zufallszahlengenerators).

An dem einen Ende dieser Skala liegt das vollständig vorhersagbare oder deterministische Verhalten der Objekte, deren Kommen und Gehen durch strenge Gesetze umfassend vorgeschrieben ist. Die komplette Zukunft eines solchen Objekts kann aus dem Wissen über seinen gegenwärtigen Zustand und aus den Gesetzen, die seine zukünftige Entwicklung beschreiben, vorhergesagt werden. Zum Beispiel verhalten sich alle astronomischen Objekte deterministisch, weil ihre Bewegungen durch die Schwerkraft vorgeschrieben werden.

Die erfolgreiche Vorhersage der Bahnen von Himmelskörpern wie dem Halleyschen Kometen in früheren Zeiten ließ viele Naturwissenschaftler des 18. Jahrhunderts annehmen, daß sie letztendlich das Verhalten jedes Objektes, einschließlich eines Menschen, mit gleicher Genauigkeit vorhersagen könnten. Es braucht kaum erwähnt zu werden, daß wir immer noch wesentlich besser in der Lage sind, die Rückkehr des Halleyschen Kometen (das nächste Mal im Jahre 1986) vorherzusagen als fast alle anderen Ereignisse.

Am anderen Ende der Skala läge dann die vollständige Unvorhersehbarkeit solcher Größen, deren Verhalten von keinem Gesetz vorgeschrieben ist. Dieses kapriziöse Verhalten ist, wie man mittlerweile weiß, äußerst selten und vielleicht gibt es ein derartiges Verhalten überhaupt nicht: Naturwissenschaftler und Sozialwissenschaftler müssen erst noch ein natürliches Phänomen entdecken, das völlig unvorhersagbar oder chaotisch ist. Dies scheint den meisten Wissenschaftlern recht zu sein, da es ein Glaubenssatz in der Wissenschaft ist, daß die Vorgänge im ganzen Universum vollkommen rational sind; unvorhersagbares Verhalten ist alles andere, nur nicht rational.

Das Fehlen irgendeines natürlichen Chaos-Modells stellt dagegen für Mathematiker und Naturwissenschaftler eine große Herausforderung dar; sie möchten aus Untersuchungen des Chaos Modelle des Chaos entwickeln, die sich vollkommen zufällig verhalten. Soweit es mir bekannt ist, hat das Verhalten aller bisher vorgeschlagenen Chaos-Modelle immer noch einige vorhersagbare Verhaltensmuster gezeigt.

Zwischen diesen beiden Extremen, zwischen der vollkommenen Vorhersagbarkeit und der vollkommenen Unvorhersagbarkeit liegen die Verhaltensweisen, die wir am häufigsten in der Welt sehen. Dies Verhalten, das auf einer individuellen Ebene durch kein Gesetz reguliert wird, wird auf einer kollektiven Ebene durch strenge Gesetze beschrieben. Das ist die widersprüchliche Natur von probabilistischem Verhalten (das heißt Verhalten, das nur mit Begriffen von Wahrscheinlichkeiten – Probabilitäten – beschrieben werden kann).

Zum Beispiel kann in einem Raum, der mit Luftmolekülen gefüllt ist, ein System, von dem man weiß, daß es sich probabilistisch verhält, die Geschwindigkeit eines einzelnen Moleküls zwischen null und 300000 Kilometer in der Sekunde (die Lichtgeschwindigkeit) betragen. Auf den Menschen bezogen hat jedes Molekül die freie Wahl der Geschwindigkeit, mit der es sich fortbewegen möchte. Gleichzeitig gibt es aber ein Gesetz der Thermodynamik (Wärmelehre), das über die Ansammlung von »freien Wahlen« ein allgemein vorhersagbares Muster legt. Nach diesem Gesetz müssen einige Geschwindigkeiten häufiger oder seltener vorhanden sein als andere, abhängig von der Raumtemperatur.

Die Situation in einem mit Molekülen gefüllten Raum ist ungefähr vergleichbar mit einem Raum voller hungriger Menschen, nachdem angekündigt wurde, daß jede Person aus drei Gerichten auswählen kann, aber von jedem Gericht nur eine bestimmte Anzahl vorhanden ist. Ein solches System verhält sich sofort chaotisch und deterministisch, und es scheint vorhersagbar zu sein, auch wenn es dies nicht ist.

In der Erläuterung der Mathematik eines solchen Verhaltens stellt uns die Wahrscheinlichkeitstheorie die mathematischen Mittel zur Verfügung, mit denen die Zukunft probabilistischer Systeme so genau wie möglich vorhergesagt werden kann. Für die Luftmoleküle im Raum bedeutet dies, daß wir ihre Weiterentwicklung im Ganzen vorhersagen können; in diesem Fall werden sie in der Zukunft in dem Raum mit einer festgelegten Temperatur so lange eingeschlossen bleiben, wie niemand an diesem Raum etwas verändert. Die spezifische Zukunft eines jeden Teilchens ist dabei nicht Gegenstand der Vorhersage.

Zuallererst wird in der Wahrscheinlichkeitstheorie geklärt, was wir genau mit dem Begriff »Wahrscheinlichkeit« meinen. Sie wird in hypothetischen Begriffen definiert, wie die Häufigkeit, mit der ein bestimmtes von Hunderten möglicher Ergebnisse zu erwarten ist, wenn ein probabilistisches System wie ein Würfelpaar unendlich oft in zufällige Zustände übergehen darf. Wenn man sagt, daß die Wahrscheinlichkeit, zwei Sechsen zu werfen, ungefähr drei von Hundert beträgt, bedeutet dies, daß in einer unendlichen Folge von Würfen zwei Sechsen ungefähr dreimal in je hundert Würfen auftreten; dies bedeutet nicht, daß zwei Sechsen immer dreimal in je hundert Würfen zu erwarten sind.

Die Definition der Wahrscheinlichkeit kann selbstverständlich unmöglich angewendet werden, wenn wir sie wörtlich nehmen. Wir können in Wirklichkeit nicht unendlich oft würfeln oder irgendein anderes probabilistisches System unendlich oft prüfen; aus diesem Grund können wir die Wahrscheinlichkeit nie so messen, wie sie theoretisch definiert ist. Wir können jedoch nach der Wahrscheinlichkeitstheorie etwas messen, das der theoretischen Wahrscheinlichkeit sehr nahe kommt, wenn wir die Ergebnisse eines probabilistischen Systems sehr oft beobachten. Je größer die Zahl dieser Beobachtungen ist, um so näher wird die gemessene Wahrscheinlichkeit der theoretischen sein.

Beobachter, die die menschlichen Geburten und das Münzenwerfen über Jahrzehnte verfolgten, berichten, daß die Wahrscheinlichkeit, daß ein Junge geboren wird, ungefähr genauso groß ist wie die Wahrscheinlichkeit, daß ein Adler mit der Münze geworfen wird – ungefähr 51 von Hundert. Dies sind nur gemessene Wahrscheinlichkeiten, aber sie beziehen sich auf eine überaus große Zahl von »Würfen« – mehr als 10 Millionen in jedem Fall. Wir können deshalb erwarten, daß sie den präzisen theoretischen Wahrscheinlichkeiten sehr nahe kommen.

Wenn die Wahrscheinlichkeitstheorie für uns klärt, was mit probabilistischem Verhalten gemeint ist, dann stellt uns ihr Abkömmling, die Statistik, das Wissen zur Verfügung, wie man deterministische Merkmale in probabilistischem Verhalten erkennen kann. (Dies sind die Merkmale, wenn Sie sich erinnern, die uns mitteilen, welche Vorhersagbarkeit ein probabilistisches Verhalten hat.) So sind Statistiker mit ihren Techniken – ihrer »Schwarzen Kunst«, wie es einmal ein Kollege von mir ausgedrückt hat – in der Lage, die zukünftigen Verläufe von Verhaltensweisen vorherzusagen, die häufig unvorhersagbar zu sein scheinen. In dieser Hinsicht kommen die Statistiker dem am nächsten, was die moderne Mathematik in Richtung Wahrsagern zu bieten hat.

Im Zentrum der statistischen Anstrengungen steht die Vorstellung einer statistischen Stichprobe. Das heißt alles, was ein Statistiker über das probabilistische Verhalten einer Population zu sagen hat, sei es ein Raum voller Moleküle oder die Bevölkerung eines Landes, gewinnt er aus der Untersuchung einer Stichprobe dieser Population. Grundsätzlich sollten die Individuen einer statistischen Stichprobe in jeder Hinsicht für die Population repräsentativ sein. In der Praxis kann jedoch nur eine Stichprobe gezogen werden, die in Bezug auf einige der wichtigeren Merkmale repräsentativ ist. In einer Population von Menschen könnten dies die Rasse, das Geschlecht, das Alter und die Steuerklasse sein.

Statistiker haben gewöhnlich ihre eigenen, persönlichen Techniken zur Auswahl von repräsentativen Stichproben; ihr Erfolg in dieser Hinsicht legt natürlich fest, wie zutreffend ihre Informationen über die gesamte Population sein können. Die Techniken unterscheiden sich bezüglich der Effizienz, mit der eine Stichprobe gezogen wird, der Art und Weise, wie die Repräsentativität überprüft wird, und anderer Faktoren, die von den jeweiligen benutzten Techniken bestimmt werden.

George Gallup ist ein Statistiker, dessen Stichprobentechnik –

ein Betriebsgeheimnis – allgemein anerkannt ist und zu besonders zuverlässigen Vorhersagen über probabilistisches Verhalten führt. Offensichtlich benutzt Gallup eine Methode, die besonders schnell (seine Mitarbeiter benutzen Telephone und Interviews an der Haustür, um ihre Informationen zu sammeln) und zuverlässig ist (seine Organisation verfügt über eine große Bibliothek demographischer Informationen über die Einwohner der Vereinigten Staaten; ein Statistiker läßt sich von solcher Information in der Zusammenstellung einer Stichprobe leiten, die einen genauen Mikrokosmos der Population darstellt).

Wenn eine Stichprobe gezogen ist, untersuchen Statistiker das Verhalten ihrer Elemente in Hinblick auf irgendwelche deterministischen Merkmale, mit denen sie Vorhersagen zum Verhalten der gesamten Population machen können. Diese Merkmale werden Statistiken genannt, und unter der wachsenden Vielfalt, die Statistiker mittlerweile identifiziert haben, spielen drei eine besonders wichtige Rolle für die Vorhersage deterministischen Verhaltens: statistische Prozentanteile, statistische Durchschnitte und statistische Korrelationen.

Ein statistischer Prozentanteil ist einfach der Prozentanteil von Individuen in einer Stichprobe, der sich in besonderer Weise verhält. Im Fall der Luftmoleküle könnte sich diese Statistik auf den Prozentanteil von Molekülen beziehen, der eine große Geschwindigkeit hat. Mit der Kenntnis eines solchen Prozentanteils könnte der Statistiker vorhersagen, wie schnell die Moleküle diffundieren, wenn sie freigesetzt werden. Ein Teil der Herausforderung an einen Statistiker liegt in der Entscheidung, welchen Prozentanteil er auswählt, und darin, was dieser genau vorhersagt, wenn er bekannt ist. Eine Frage dieser Beschaffenheit hat keine einzelne Antwort; wegen der Ungenauigkeit wird die Statistik allgemein von Mathematikern gleichermaßen als Kunst wie auch als Wissenschaft bezeichnet.

Die A. C. Nielsen Organisation hat eine ganze Industrie aus der Messung statistischer Prozentanteile für die Information von Fernsehverantwortlichen entwickelt. Ihre statistische Stichprobe ist aus nur 1500 Fernsehapparaten zusammengesetzt, die in repräsentativ ausgewählten Haushalten der Vereinigten Staaten stehen. Die Mitglieder in jedem Haushalt halten in Tagebüchern fest, was sie sich im Fernsehen angesehen haben, und auf der Grundlage dieser Information bestimmt die Nielsen Organisation den Prozentanteil von Menschen ihrer Stichprobe, die die verschiedenen Sendungen eingeschaltet hatten. Diese Prozentanteile werden von Fernsehdirektoren für Entscheidungen herangezogen – und können von uns übrigen zur Vorhersage herangezogen werden –, welche Sendungen im nächsten Jahr fortgesetzt werden oder nicht.

Unsere Sehgewohnheiten sind der Fernsehindustrie mittlerweile so genau bekannt, daß in vielen Fällen schon vor der ersten Ausstrahlung vorhergesagt werden kann, welche Sendung Erfolg haben wird. Hiermit wird wiederum die paradoxe Natur probabilistischen Verhaltens illustriert – auf der individuellen Ebene sind wir unvorhersagbar, jeder von uns kann anscheinend eine Sendung frei auswählen; aber auf der kollektiven Ebene sind wir vollkommen vorhersagbar.

Der statistische Durchschnitt ist ein weiteres Merkmal einer statistischen Stichprobe, das etwas über die Vorhersagbarkeit probabilistischen Verhaltens verrät. Im allgemeinsten Fall bezieht er sich auf Durchschnittsverhalten, ein Verhalten, das in gewissem Sinn repräsentativ für die verschiedenen Verhaltensweisen in einer beobachteten Stichprobe ist; diese wiederum sind repräsentativ für die Myriaden von Verhaltensweisen der untersuchten Population. Je weiter ein bestimmter Verhaltenszug in einer Population verbreitet ist – eine Vorliebe für Schokolade zum Beispiel –, um so mehr Gewicht wird dieser Zug in der Bestimmung des Durchschnittsverhaltens haben.

Von Versicherungsgesellschaften weiß man, daß sie sich besonders auf den statistischen Durchschnitt und auf Statistik im allgemeinen verlassen. Statistische Durchschnitte sind die Grundlagen ihrer Sterbetafeln, diese wiederum sind die Grundlage ihrer erzielten Gewinne. Die Tatsache, daß Lebensversicherungsgesellschaften über Jahre hinweg mit Gewinn gearbeitet haben, belegt hinreichend die Vorhersagbarkeit probabilistischen Verhaltens und den Erfolg, mit dem die Mathematik für die Vorhersage von Ereignissen eingesetzt werden kann, die wie der Zeitpunkt unseres Todes unvorhersagbar zu sein scheinen. Heute können Lebensversicherungsgesellschaften uns sehr genau sagen, wie hoch die Lebenserwartung von Personen mit ausgefallenen Gewohnheiten und Charakterzügen, mit genetischen Vorbelastungen, mit bestimmtem Einkommen und so fort ist.

Die dritte Statistik, die allgemein eingesetzt wird, um deterministische Aspekte probabilistischen Verhaltens aufzudecken, ist die statistische Korrelation. Der Statistiker muß mit mindestens zwei verschiedenen Stichproben arbeiten, um eine Korrelation zu erhalten. Eine von ihnen ist immer eine Stichprobe, die die Population repräsentiert; sie wird Kontrollstichprobe genannt. Die andere ist eine Stichprobe, die hauptsächlich oder vollständig aus Individuen zusammengesetzt ist, die sich durch ein besonderes Merkmal, etwa wie das Rauchen, von der Kontrollstichprobe unterscheidet. Wenn durch einen sorgfältigen Vergleich irgendwelche Abweichungen bemerkt werden, werden diese als ein Ergebnis des einen Merkmals (Rauchen) gesehen, die die beiden Stichproben unterscheidet. Im Falle der Raucher- und der Kontrollgruppe haben Wissenschaftler tatsächlich festgestellt, daß ein kleinerer Anteil an Lungenkrebserkrankungen in der Kontrollstichprobe als in der Raucherstichprobe festzustellen ist. Deshalb kann man sagen, daß Lungenkrebs mit dem Rauchen korreliert ist.

Eine solche Korrelation wird für die Vorhersage benutzt, daß jemand, der raucht, wahrscheinlicher an Lungenkrebs und früher sterben wird als jemand, der nicht raucht. Korrelationen dieser Art sind für Lebensversicherungsgesellschaften von besonderem Interesse, weil sie anzeigen, welche Versicherten ein geringes und welche ein hohes Risiko darstellen. Einige Versicherungsgesellschaften haben statistische Korrelationen als Grundlage für Werbeaktionen benutzt, in denen Klienten mit einem geringen Risiko besonders niedrige Prämien angeboten wurden. Zum Beispiel gibt es jetzt Gesellschaften, die verringerte Prämien für gesunde, nichtrauchende Frauen mittleren Alters und weißer Hautfarbe, die nicht Auto fahren, anbieten; dies ist eine Folge der hohen Korrelationen, die zwischen Lungenkrebs und Rauchen, zwischen tödlichen Verkehrsunfällen und Fahrern jüngeren Alters, gewaltsamem Tod und jungen Männern schwarzer Hautfarbe sowie einer niedrigeren Lebenserwartung von Männern allgemein gefunden wurden.

Bedauerlicherweise können dieselben Mittel, mit denen wir Ergebnisse probabilistischen Verhaltens vorhersagen, dazu benutzt werden, diese zu beeinflußen, sei es mit Absicht oder unbewußt. Wenn wir über unser vorhersagbares kollektives Verhalten informiert werden, kann die Statistik die freie Entscheidung auf der individuellen Ebene so weit beeinflussen, daß der chaotische, unvorhersagbare Aspekt des unbeeinflußten probabilistischen Verhaltens nahezu vollständig verschwindet. Unter solchen Umständen kann unser Verhalten genauso deterministisch werden wie die Bahn des Halleyschen Kometen.

Eine Besorgnis, daß genau dieser Umstand zwar nur geringfügig, jedoch deutlich bemerkbar eingetreten ist, wurde im Zusammenhang mit der amerikanischen Präsidentenwahl im Jahr 1980 in weiten Teilen der Öffentlichkeit geäußert. Stunden, bevor die Wahllokale an der Westküste schlossen, sagten die Fernsehsender aufgrund ihrer Stichproben von Ostküstenergebnissen voraus, daß Reagan die Wahl gewinnen würde. Obwohl wir nicht wissen, ob hierdurch die Westküstenwähler tatsächlich beeinflußt wurden, könnten die Vorhersagen die Wähler dazu ermutigt oder entmutigt haben, ihre Stimme dem voraussichtlichen Gewinner oder Verlierer zu geben oder überhaupt nicht zu wählen.

Die Statistik kann auch mißbraucht werden, um zwischen bestimmten Verhaltensweisen und, damit verknüpft, zwischen bestimmten Individuen zu unterscheiden. Die Wahrnehmung eines statistischen Durchschnitts, zum Beispiel, kann einen Arbeitgeber zögern lassen, eine Person einzustellen, die nicht dem Profil des erfolgreichen Arbeitnehmers entspricht. In ähnlicher Weise werden Frauen ohne Begleitung häufig nicht in Restaurants bedient, weil Statistiker festgestellt haben, daß die durchschnittliche Frau ohne Begleitung weniger Trinkgeld gibt und einen Tisch länger besetzt hält als der allgemeine Durchschnitt.

Aber auch wenn die Statistik richtig und sorgsam angewendet wird, kann man nicht sehen, wie nützlich sie für die Vorhersage solchen menschlichen Verhaltens ist, das, historisch gesehen, die Zukunft am stärksten beeinflußt: Die Statistik kann nur die vorhersagbaren Aspekte vergangenen menschlichen Verhaltens aufdecken und nicht die nichtvorhersagbaren. Und dennoch sind es diese nichtvorhersagbaren Resultate menschlichen Verhaltens, die in der Geschichte sich als die folgenreichsten herausgestellt haben.

Erfindungen wie die Dampfmaschine und der Computer wurden von Menschen gemacht, die alles andere als der statistische Durchschnitt waren. Und im allgemeinen ist das Auftreten von solchen Personen wie Jesus, Sokrates, Newton und Einstein in der Welt so unvorhersagbar und ebenso folgenreich, daß die Auswirkungen ihrer Existenz auf unser historisches Verhalten nahezu vollkommen chaotisch sind.

Man kann sich natürlich fragen, ob wir jemals mathematische Mittel zur Verfügung haben werden, die die chaotischen Aspekte probabilistischen Verhaltens vorhersagen können wie wir es, bezogen auf die deterministischen Aspekte, mit Hilfe der Statistik können. Wenn wir jemals ein solches Hilfsmittel entdecken, wird das menschliche Verhalten vollständig deterministisch erscheinen. Wir werden dann die ganze Zukunft unserer Species und unseres Universums vorhersehen können. Die Wahrscheinlichkeit, daß dies einmal eintreten könnte, mag uns sehr gering erscheinen, aber sie ist nicht gleich null. Denn genau weil ein Merkmal unseres Verhaltens chaotisch, unvorhersagbar ist, wird das anscheinend Unmögliche immer möglich, wahrscheinlich sein.

Zwei-Personen-Spieltheorie
Zwischen Schach und Dame

> Wenn nur ein Strahl des nüchternen Verstands leuchtet, sieh, dann schmilzt der märchenhafte Rauhreif der Phantasie hinweg!
> (Samuel Rogers, The Pleasures of Memory)

Es ist schon häufig gesagt worden, daß sich die Menschen von den anderen Tierarten durch ihre Fähigkeit, denken zu können, unterscheiden. Dies habe ich eigentlich immer nur als Einbildung unserer Art gesehen.

Was macht tatsächlich eine »Fähigkeit, denken zu können« aus, wie können wir sie feststellen und wie stark ist diese nur unzureichend definierte Fähigkeit bei uns ausgeprägt? Mit den Antworten auf diese Fragen könnten wir vielleicht unsere relative Position im Tierreich feststellen und uns ein für allemal an den richtigen Platz setzen.

Einen Weg, den ich hier vorschlage, um dies zu erreichen, sehe ich in der Spieltheorie, der mathematischen Untersuchung rationaler Konflikte. Ich werde meine Absicht so verwirklichen, daß ich mich auf die Zwei-Personen-Nullsummen-Spieltheorie konzentrieren werde, der mathematischen Untersuchung des rationalen Konflikts zwischen zwei Personen, in dem der Gewinn einer Person notwendigerweise der Verlust der anderen Person ist – wie es zum Beispiel bei Tick-Tack-Toe der Fall ist (»Kreuzchen-und-Kringelspiel«: Zwei Spieler markieren mit Kreuzchen und Kringeln abwechselnd eines von neun Feldern, die in einem 3 × 3 Quadrat angeordnet sind. Der Spieler, dessen Markierung zuerst eine Linie aus drei Feldern bildet, hat gewonnen).

Dieser Typ von Spieltheorie ist hauptsächlich deshalb ein geeignetes Mittel, die Denkfähigkeit festzustellen, weil er sich mit streng rationalen Wettkämpfen beschäftigt; Emotionen spielen in der Zwei-Personen-Nullsummen-Spieltheorie keine Rolle. (Emotionen sind nur ein Faktor in den Zwei-Personen-Nicht-Nullsummenspielen, in denen sich die Gewinne und Verluste der Spieler nicht immer ausgleichen – wie mit wirtschaftlicher Konkurrenz in einem expandierenden Markt – und in Spielen, an denen drei oder mehr Personen teilnehmen.) In der Tatsache, daß der Erfolg nur durch die Denkfähigkeit eines Spielers determiniert wird, liefern Zwei-Personen-Nullsummenspiele den perfekten Rahmen für unser »Art-Bewertungsprogramm«.

In der Spieltheorie werden bestimmte Annahmen über die Natur eines Wettstreits gemacht, um die Rationalität des Wettstreits sicherzustellen; diese Annahmen stellen in gewissem Sinn die Spielregeln eines Kasinos dar.

Zuallererst wird angenommen, daß beide Spieler gleich kompetent sind – das heißt, sie messen sich mit ihrer Intelligenz, die bei beiden in der gleichen Weise ausgeprägt ist. Von den Spielern wird erwartet, daß sie alle Möglichkeiten überdenken, bevor sie sich leidenschaftslos für einen bestimmten Spielzug entscheiden. Und für die von uns verfolgten Absichten nehmen wir weiter an, daß die Spieler in gleicher Weise vollständig über alle Aspekte des Spielfortschritts unterrichtet sind. Spiele, in denen diese Annahme sichergestellt ist, werden Spiele mit vollständiger Information genannt. In solchen Spielen, Dame und Schach eingeschlossen, gibt es keine Geheimnisse zwischen den Spielern, die es jedoch in Spielen mit unvollständiger Information wie Poker oder Skat gibt.

Das wichtigste Ergebnis, das die Spieltheorie bisher über Spiele dieser Art herausgefunden hat, wird die Grundlage des Art-Bewertungsprogramms bilden, das wir hier verfolgen. Dieses Ergebnis, das von dem deutschen Mathematiker John von Neumann im Jahre 1921 bewiesen wurde, besagt, daß jedes vorstellbare Zwei-Personen-Nullsummenspiel mit vollständiger Information mit einer nur ihm zukommenden sogenannten optimalen Strategie verbunden ist. Die optimale Strategie hat ihren Namen von der Tatsache erhalten, daß jeder Spieler in einem Zwei-Personen-Nullsummenspiel mit vollständiger Information nicht besser sein kann als die zu verfolgende optimale Strategie dieses Spiels.

Für das Verständnis von »nicht besser sein kann« erinnern Sie sich bitte daran, daß ein Spieler nach der Spieltheorie sich immer mit einem Gegner auseinandersetzen muß, der ihm in allen relevanten Aspekten gleicht. Mit diesem Bewußtsein weiß »Spieler A«, daß »Spieler B« während des gesamten Spiels mit derselben Kompetenz und Zähigkeit um die Gewinne kämpfen wird. Unter diesen Umständen kann die einzige rationale Strategie von Spieler A darin bestehen, den Erfolg von Spieler B, Gewinne anzusammeln, zu minimieren und damit seine eigenen Verluste ebenfalls so klein wie möglich zu halten. Aber weil die gleiche Überlegung von Spieler B angestellt wird, kann ein Spieler nur hoffen, daß das Spiel mit der für ihn besten aller denkbar schlechtesten Möglichkeiten endet. Genau in dieser Weise wird die optimale Strategie definiert. Wenn ein Spieler sie verfolgt, wird er zufrieden und erleichtert etwa folgendes denken: Wenn ich in Rechnung stelle, daß der andere Spieler intellektuell genauso fähig ist wie ich, über die gleichen Mittel verfügte und den gleichen Anspruch zu gewinnen hatte wie ich, dann hätte es mir nur schlechter, aber nicht besser in diesem Spiel ergehen können.

Eine optimale Strategie fällt immer in eine von zwei Kategorien, in eine faire und eine unfaire Strategie. Die Einordnung hängt dabei von der Garantie ab, ob ein Unentschieden erreichbar ist oder ob ein Spieler vorhersagbar gewinnt. Tick-Tack-Toe ist ein Zwei-Personen-Nullsummenspiel mit vollständiger Information mit einer fairen optimalen Strategie; es kann auf eine Weise gespielt werden, die ein Unentschieden garantiert. (Die ersten Spielzüge gemäß der optimalen Strategie für Tick-Tack-Toe sind entscheidend: Der erste Spieler markiert eine Eckposition und der zweite Spieler reagiert mit der Markierung der zentralen Position.)

In Nim, einem Zwei-Personen-Nullsummenspiel mit vollständiger Information, entfernen die Spieler abwechselnd eine beliebige Zahl von Hölzern, die zuvor in einer bestimmten Anordnung ausgelegt wurden. Gewinner des Spiels ist derjenige, der das letzte Hölzchen aufnimmt. Nim hat eine optimale Strategie, die unfair ist, weil bei ihrer Befolgung immer der erste Spieler gewinnen und der zweite verlieren wird.

Die Existenz optimaler Strategien für Zwei-Personen-Nullsummenspiele mit vollständiger Information ermöglicht uns das Abschätzen der Denkfähigkeiten von Spielern solcher Spiele. Die Gelegenheit ergibt sich aus der Beobachtung, daß ein Spiel seinen Reiz für Spieler verliert, die die optimale Strategie herausfinden können – das heißt, wenn beide Spieler die optimale Strategie eines Spiels kennen, können sie das Ergebnis des Spiels vorwegnehmen, ohne überhaupt mit dem Spiel begonnen zu haben. Sie hätten somit überhaupt keinen Anreiz, das Spiel aufzunehmen.

In dem Fall, daß die optimale Strategie des Spiels fair ist, werden Spieler, die die optimale Strategie herausgefunden haben, wissen, daß es mit einem Unentschieden enden wird. Im Fall einer ungerechten optimalen Strategie wissen Spieler, die diese Strategie kennen, im voraus, wer gewinnen und wer verlieren wird. In beiden Fällen wird das Spiel eine witzlose Übung für Spieler, deren Denkfähigkeit so weit ausgeprägt ist, daß sie die optimale Strategie herausfinden können.

Wir können so eine ziemlich genaue Einschätzung der Denkfähigkeiten einer Art erhalten, wenn wir beobachten, welche Spiele von den erwachsenen Mitgliedern dieser Art gespielt werden. Mit anderen Worten können wir aus dem Sachverhalt, daß die Erwachsenen eine Art Tick-Tack-Toe spielen, schließen, daß dieses Spiel für sie reizvoll ist. Daraus folgt, daß sie die optimale Strategie nicht herausgefunden haben. Ihr Tick-Tack-Toe-Spiel ordnet sie deshalb bezüglich der Denkfähigkeit unterhalb einer Art ein, für die Tick-Tack-Toe durchschaubar ist und als Kinderspiel beiseite geschoben wird.

Wenn wir dieses Bewertungsschema auf die Menschen anwenden, stellen wir sofort fest, daß wir eine Trans-Tick-Tack-Toe-Species sind. Die Denkfähigkeit der Erwachsenen wird durch Tick-Tack-Toe kaum herausgefordert. Aus diesem Grund ist dieses Spiel vermutlich bei Kindern so populär, die die optimale Strategie noch herausfinden müssen.

Wir nähern uns der Grenze unserer Denkfähigkeit im Damespiel. Viele geübte Damespieler konnten eine Art von Arbeitsstrategie entwickeln, aus deren Existenz wir mit einiger Gewißheit schließen können, daß das Herausfinden der einzig und allein optimalen Strategie, die nach der Spieltheorie existiert, noch im Bereich unserer Möglichkeiten liegt.

Noch näher an die Grenze unserer Denkfähigkeit stoßen wir im Schachspiel. Schach ist unter Intellektuellen populärer als das Damespiel, was bedeuten könnte, daß es unseren Verstand stärker herausfordert. Die Menschen sind in der Regel stärker von einem Meister des Schachspiels beeindruckt als von einem Meister des Damespiels. Schachmeister werden in der Sowjetunion wie Könige gehegt und gepflegt. Wenn man auch in den Vereinigten Staaten nicht so weit geht, werden sie dort doch als eine Art von Genies behandelt. Bobby Fisher ist das Beispiel eines amerikanischen Schachmeisters aus jüngster Zeit, dessen Talent und Exzentrik eine außerordentlich traurige Berühmtheit erlangt haben.

Ein anderer Indikator für die große und aufregende Herausforderung durch das Schachspiel liegt im Computer vor, den wir nunmehr einsetzen, um das Spiel in den Griff zu bekommen. Und trotz dieser Unterstützung, mit deren Hilfe wir einige erfolgreiche Schachstrategien formulieren konnten, können wir immer noch nicht die eine optimale Strategie herausfinden.

Das Schachspiel hätte nicht eine solche überschwengliche Wertschätzung und Aufmerksamkeit in einer Art erlangt, die die optimale Strategie herausgearbeitet hätte. Für eine Trans-Schach-Art wäre das Schachspiel so trivial, wie Tick-Tack-Toe es für uns ist. Trans-Schachspieler wüßten im voraus, welcher spezifische Zug aus den Milliarden von Milliarden möglichen Zügen ausgewählt werden müßte, um ein vorhersagbares Ergebnis zu erzielen – was entweder ein Remis oder ein vorhersagbarer Gewinn für einen der beiden Spieler sein würde, abhängig davon, ob die optimale Strategie für das Schachspiel fair oder unfair ist (welche es ist, wissen wir bis heute nicht). Die einzige Weise, in der Schach den Spielern einer Trans-Schach-Art Freude bereiten könnte, würde in einer Vereinbarung bestehen, nicht die optimale Strategie zu verfolgen.

Wir könnten eine sehr genaue Vorstellung von unserer Position auf unserer theoretischen Skala der Denkfähigkeit bekommen, wenn wir uns eine gründliche Übersicht der Spiele beschaffen, die uns reizvoll oder nicht reizvoll erscheinen. Auf der Grundlage der wenigen Beobachtungen jedoch kann man schätzen, daß die Grenzen unserer Denkfähigkeit als Art irgendwo zwischen den Grenzen des Schach- und des Damespiels liegen.

Der Einsatz der Spieltheorie, um uns an den rechten Platz zu stellen, erinnert uns daran, daß wir meßbare Grenzen haben. Insbesondere sollten diejenigen von uns daran erinnert werden, welche die Definition der menschlichen Art dazu verwenden, sie über andere Arten zu erheben. Da wir unseren Platz zwischen Dame und Schach kennen, wissen wir, daß eine Fähigkeit zu denken in Abstufungen vorliegt. Auf derselben Skala könnten andere Arten über oder auch unter uns eingeordnet werden.

Die Spieltheorie, die zur Bewertung unserer Denkfähigkeit angewendet wurde, sagt uns noch etwas anderes über uns selbst: Wir unterscheiden uns durch unsere Verspieltheit wie durch unsere Denkfähigkeit. Unsere Fasziniertheit durch Spiele belegt nicht nur unsere Denkfähigkeit, wie man vermuten könnte, sondern auch einen Mangel einer größeren Kapazität unseres Verstandes. Je höher eine Art auf der Skala des Verstandes eingeordnet ist, um so weniger verspielt werden die Mitglieder einer Art sein. Die Spieltheorie hat uns das Wissen um diesen besonderen Aspekt vermittelt, was es heißt, ein Mensch zu sein. Wir sollten alle glücklich sein, daß wir nicht an der Spitze liegen.

Drei-Personen-Spieltheorie
Der Ruf der Wildnis

> Der Abenteurer ist in uns, und er kämpft um unser Wohlwollen mit dem sozialen Menschen, der wir zu sein verpflichtet sind.
>
> (William Bolitho)

Wirtschaftlich schwere Zeiten scheinen die besten und schlechtesten Seiten in den Menschen hervorzubringen. Mit einem Mal werden sie begehrlicher und großzügiger, kämpferischer und kooperativer, pragmatischer und nachdenklicher, ängstlicher und mutloser. Vielleicht können die Menschen sich nicht entscheiden, wie sie sich verhalten sollen, weil sie sich nicht entscheiden können, ob ihre langfristigen Interessen durch individuelles oder durch soziales Verhalten gewahrt bleiben.

In der Spieltheorie – der Theorie des sozialen Konflikts – wird diese Spannung zwischen der privaten und der sozialen Persönlichkeit eines Individuums als eine unvermeidliche Konsequenz der Kooperation verstanden. Menschen haben manchmal das Gefühl, daß es ihnen besser ergeht, wenn sie die Dinge individualistisch behandeln, ohne auf die Forderungen der Gesellschaft einzugehen. Die Spieltheorie sagt vorher, daß Kooperation mit naturgegebenen Schwierigkeiten verbunden ist, aber sie weist auch darauf hin, daß die Alternative nur noch ungünstiger ausfällt.

Die Menschen sind soziale Tiere, sowohl von den Umständen her als auch von Natur aus. Anreize zur Kooperation, eine Gesellschaft zu bilden, können schon in Situationen auftreten, an denen nur zwei Personen beteiligt sind.

Betrachten Sie zum Beispiel das Zwei-Personen-Spiel, das als »prisoner's dilemma« (Gefangenendilemma) bekannt geworden ist. In diesem Spiel möchte ein Staatsanwalt ein Geständnis von einem der beiden Gefangenen bekommen, die eines gemeinsamen Tötungsdeliktes verdächtigt werden. Der Staatsanwalt macht das folgende Angebot: »Derjenige von Ihnen, der gesteht, wird freigelassen, der andere wird voraussichtlich eine Strafe von 20 Jahren Gefängnis erhalten. Dagegen werden Sie beide mit fünf Jahren Gefängnis bestraft werden, wenn Sie beide ein Geständnis ablegen. Und falls niemand von Ihnen beiden gesteht, wird jeder von Ihnen eine einjährige Gefängnisstrafe aufgrund eines geringfügigeren Vergehens erhalten.« Das Dilemma besteht darin, daß, wenn jeder Gefangene für sich beschließt zu gestehen, mit der Überlegung, daß er im schlimmsten Fall fünf Jahre erhalten und im günstigsten Fall freikommen wird, beide sicher die fünfjährige Strafe erhalten werden.

In dieser Situation liegt ein Anreiz zu weniger individualistischem Verhalten vor. Wenn die beiden Gefangenen einander vertrauen und nicht gestehen, werden sie im schlimmsten Fall mit einem Jahr bestraft. Gleichzeitig ist eine solche Kooperation möglicherweise problematisch. Zum Beispiel muß jeder die Möglichkeit eines Falschspiels des anderen in Betracht ziehen. Darüber hinaus wird durch die Kooperation ein Spiel manchmal sehr verwickelt und dadurch tatsächlich unlösbar.

Dies ist der Fall in einem anscheinend einfachen Spiel von drei Mitspielern, die darüber entscheiden sollen, wie 300 Mark aufgeteilt werden sollen. Dabei wird angenommen, daß immer die Mehrheit entscheidet. Wenn es sich um eine vollständige Kooperation handelt, wird jede Person vermutlich 100 Mark erhalten. Aber wenn wir diesen Spielern ein wenig Egoismus und Opportunismus zubilligen, werden sie bemerken, daß zwei von ihnen gegen den dritten zusammenarbeiten können und somit jeder 150 Mark erhält. Der Ausgeschlossene kann immer noch ins Spiel kommen, wenn er einen der Konspiranten zu einer neuen Allianz verleitet, indem er ihm einen größeren Anteil an den 300 Mark verspricht. Aber auch wenn dieses Angebot zu einer vorläufigen Übereinkunft führen würde, der verschmähte Konspirant könnte ein Gegenangebot der gleichen Art offerieren und so fort.

Weil derartige Konflikte in jedem Spiel mit drei oder mehr Personen auftreten können, sind sie mathematisch nicht zu lösen. Das heißt: Dürfen drei oder mehr Spieler uneingeschränkt konkurrieren und kooperieren, können wir erwarten, daß ihre »Gesellschaft« unbeständig, instabil sein wird.

Ohne Zweifel hätte der englische Philosoph Thomas Hobbes diese Beobachtung als Beweis für seine These aufgenommen, daß Menschen sich außerhalb einer Gesellschaft anarchistisch verhalten werden. Drei Menschen, die um einen Anteil an 300 Mark kämpfen, bilden noch keine Anarchie, aber sie streben deutlich etwas an, das ihr Spiel unlösbar machen wird. Der englische Philosoph John Locke glaubte ebenfalls, daß der natürliche Zustand der Menschheit eine Anarchie ist, ein Zustand in dem sich jede Person individualistisch verhält. Er schrieb in seinem Buch ›Über die Regierung. Second Treatise of Civil Government‹: »Die Vermeidung dieses Kriegszustandes ... ist ein wichtiger Grund für die Menschheit, eine Gesellschaft zu bilden und den natürlichen Zustand aufzugeben«. Daher ist eine Gesellschaft von Menschenhand geschaffen. Um sie jedoch auch zu nutzen, muß ein Individuum sich »zu einer Verpflichtung gegenüber jedermann in der Gesellschaft bekennen«.

Im Verlauf der Geschichte bestand weitaus größere Übereinstimmung über die Erwünschtheit der »Aufgabe des natürlichen Zustands« als über den Weg, wie man ihn am besten erreicht. Nach der Spieltheorie, die kooperatives Verhalten einbezieht, ist eine Gesellschaft stabil, die ihre Mitglieder gleich behandelt.

Dies kann man jedoch auf ganz unterschiedliche Weise interpretieren. Sogar wenn eine Gruppe von Individuen sich zum Beispiel einig ist, die Deutung des Wortes »gleich« nur finanziell zu verstehen, wird wahrscheinlich keine Einigung zu erreichen sein.

Wer sich als Sozialist versteht, würde den Konkurrenzkampf beseitigen und jedermann im vorhinein einer gleichmäßigen Aufteilung der kollektiven Geldmittel zustimmen lassen. Ein Kapitalist würde den Konkurrenzkampf beibehalten und nur verlangen, daß dieser unter bestimmten gerechten Regeln ausgetragen wird, und so jede Entlohnung einer Person ihren Unternehmungen angemessen ist. Und dann sind da noch diejenigen, die sich über die Bedeutung von Gleichheit in Bezug auf die Bürgerrechte uneinig sind. Eine Person sähe die Rolle der Regierung eines Staatswesen nur darin, die »individuellen Rechte zu schützen«. Ein anderer würde, in Übereinstimmung mit John Stuart Mill, von einer Regierung erwarten, daß sie für das »Gemeinwohl« sorgt.

Kümmern Sie sich nicht um philosophische Ungleichheiten; schon Persönlichkeitsunterschiede können die Aussichten einer Gruppe, eine abgeschlossene Gesellschaft zu werden, zunichte machen. In Begriffen der Spieltheorie hängt die Stabilität einer Koalition entscheidend von den Belohnungen an ihre Mitglieder ab. Allgemein geht man davon aus, daß eine Person sich nur einer Koalition anschließen oder nur dann in ihr bleiben wird, wenn die Belohnungen für dieses Verhalten die Belohnungen übertrifft, die sie erwarten kann, wenn sie allein bleibt. Ganz sicher wird jemand, der seiner Konkurrenzfähigkeit vertraut, ein kapitalistisches System anstreben, während jemand, der von seiner Natur her bescheiden und respektvoll ist, eher ein sozialistisches System vorziehen würde.

Offensichtlich konnten trotz dieser Hindernisse viele Gesellschaften entstehen. Und vielleicht wird eine Gesellschaft weitaus stärker gefordert, wenn sie nach den Kämpfen ihrer Gründungsphase sich für ihr Fortbestehen einsetzen muß. Gründungsmitglieder sterben letztendlich; ihre Nachkommen, die nicht im Naturzustand gelebt haben, mögen nicht die gleiche Verpflichtung zur Koalition verspüren und könnten nicht mit der gleichen Begeisterung für die Existenz der Gesellschaft eintreten.

In kapitalistischen Gesellschaften wie den Vereinigten Staaten ist immer noch die Frage offen, wieviel Freiheit einer unternehmerischen Persönlichkeit für die Anstrengungen, persönlichen Reichtum anzusammeln, eingeräumt werden soll, bevor ihre Bemühungen in dieser Richtung schädlich für andere Mitglieder der Gesellschaft werden. Wie weit dürfen solche persönlichen Freiheiten gehen, bevor sie die Gesellschaft in eine primitive Situation zurückversetzen wie die der drei Personen, die 300 Mark unter sich aufteilen?

In seinem klassischen Werk ›An Inquiry into the nature and causes of the Wealth of Nations‹ stand Adam Smith eindeutig auf der Seite einer Laissez-faire-Politik und glaubte, daß eine Gesellschaft ihren Wohlstand vermehrt, wenn sie jeder Person eine relativ uneingeengte Freiheit gewährt, den persönlichen Wohlstand zu vermehren. »So wie jedes Individuum ... sich so weit als möglich anstrengt, ... sein Kapital zur Unterstützung der heimischen Industrie einzusetzen ..., wird jedes Individuum notwendigerweise arbeiten, um die jährlichen Steuern für die Gesellschaft, so gut es dies kann, zu zahlen.«

Die Vorstellung von Smith ist insofern bemerkenswert, als sie anzudeuten scheint, daß, je individualistischer sich Menschen bis zu einem gewissen Punkt verhalten dürfen, sie sich, wenn auch unbeabsichtigt, um so sozialer verhalten. Sie läßt aber auch vermuten, daß eine Gesellschaft, in der die Menschen durch Gesetze zur Zusammenarbeit im Sinne der Gesellschaft gezwungen werden, nicht so wohlhabend sein wird wie eine, in der die Menschen nur zusammenarbeiten, wenn damit ihren individuellen Absichten gedient ist.

Im Jahre 1951 veröffentlichte der amerikanische Mathematiker John Nash eine wertvolle Erweiterung der bis dahin existierenden Theorie der kooperativen Spiele, die, ihrem Gegenstand angemessen, den Titel ›Nichtkooperative Spiele‹ trägt. Mit der Theorie kann in besonders sinnvoller Weise der Begriff des Laissez-faire behandelt werden, weil sie Mehrpersonenspiele betrachtet, in denen (1) jeder Spieler danach trachtet, seinen persönlichen Reichtum zu maximieren, (2) mit den anderen Spielern nur durch wenige, allgemeine Regeln verbunden ist und (3) jeden Wunsch zur Kooperation nur durch sein Verhalten und nicht durch direkte Mitteilungen deutlich machen kann. Obwohl die Annahmen von Nash mit denen der These von Smith übereinstimmen, unterstützen seine Schlußfolgerungen nur eingeschränkt die Erwartungen von Smith.

Das erste Ergebnis, das Nash nach wiederholten Partien eines nichtkooperativen Spiels feststellte, war die Tatsache, daß ein solches Spiel unvermeidlich in einem von zwei Gleichgewichtszuständen endet, die er als optimal und suboptimal kennzeichnete. Diese Tendenz stellt sich deshalb immer ein, weil nur in diesen Gleichgewichtszuständen ein Spieler höchstwahrscheinlich eine Belohnung erwarten oder einen Verlust vermeiden kann. Obwohl jeder der beiden Gleichgewichtszustände, von einem individuellen Standpunkt her gesehen, ein Vorteil ist, fand Nash heraus, daß nur der optimale für die Gruppe als ganze vorteilhaft ist.

Die Befunde von Nash können durch ein nichtkooperatives Spiel mit dem Namen ›Stagnation‹ illustriert werden, in dem jede Person die Möglichkeit hat, in der Gruppe zu bleiben oder aus der Gruppe auszuscheiden. Die Regeln, die eine realistische Psychologie der Gruppe darstellen sollen, legen fest, daß jede Person einer Gruppenmehrheit einen Dollar erhält, wenn die Mehrheit aus der Gruppe ausscheidet. Wenn dagegen eine Minderheit sich für das Ausscheiden aus der Gruppe entscheidet, wird jeder Abtrünnige mit zehn Cents bestraft, während die zurückbleibende Mehrheit weder belohnt noch bestraft wird. Die Spieler dürfen vor einem Spielzug nicht offen zusammenarbeiten. Sie können jedoch nach mehreren Spieldurchgängen die wahrscheinlichen Handlungen ihrer Mitspieler erraten und versuchen, ihre Absichten durch die Wiederholung von bestimmten Verhaltensmustern mitzuteilen. Laissez-faire oder nicht, in einer großen Gesellschaft, in der eine direkte Kommunikation nicht immer möglich ist, scheinen die Annahmen von Nash zuzutreffen.

Dieses Spiel scheint ein optimales Gleichgewicht in dem Punkt zu haben, in dem sich alle Spieler für ein Ausscheiden aus der Gruppe entscheiden und damit jeder Spieler einen Dollar erhält. Es gibt ebenso ein suboptimales Optimum, in dem alle Spieler sich für ein Verbleiben in der Gruppe entscheiden und so das Risiko der Strafe für Abtrünnige vermeiden. Wenn das Spiel erst einen der beiden Gleichgewichtszustände erreicht hat, gibt es für keinen der Spieler einen Anreiz, seine Position aufzugeben, da jede Veränderung ziemlich sicher einen persönlichen Verlust zur Folge hat. Eine Politik des Laissez-faire fördert anscheinend eine Art Hordenmentalität unter den Spielern; wenn sie versuchen, die Spielzüge eines anderen Spielers zu antizipieren, können sie die Gruppe leicht sowohl in das am wenigsten erwünschte wie auch in das am meisten erwünschte Schicksal führen.

Es ist nicht schwer, das suboptimale Gleichgewicht des Stagnationsspiels in den verschiedenen Verkleidungen bei vielen der modernen Gesellschaften zu erkennen. In einer kränkelnden Volkswirtschaft können die großen Banken die Situation verschlimmern, indem sie die Kreditzinsen erhöhen, weil jede Bank einen Verlust befürchtet, wenn sie als erste die Zinsen senkt. Fluggäste, die einen Platz in einer Maschine haben möchten, die nach dem Prinzip ›Wer zuerst kommt, mahlt zuerst‹ belegt wird, werden plötzlich gemeinsam losstürmen, wenn sie jemand bemerken, der sich klammheimlich dem Ausgang nähern will. Bedenklicher ist das Verhalten von Bürgern einer Gesellschaft, die von der Kriminalität heimgesucht wird. Sie möchten womöglich nicht in ein Verbrechen verwickelt werden, das sich vor ihren Augen abspielt, weil sie persönlichen Schaden befürchten, falls sie es zu verhindern versuchen. In diesen Beispielen trägt die Reaktion »jeder für sich selbst« einer Person dazu bei, die Gruppensituation zu verschlechtern, und treibt die Gesellschaft nur noch tiefer in das suboptimale Gleichgewicht hinein.

Um eine Gruppe aus dem suboptimalen Gleichgewicht herauszubringen, ist in der Regel eine Bestrafung erforderlich, die mit der Entscheidung, in der Gruppe zu bleiben, verknüpft ist. Noch wirksamer ist jedoch ein Anreiz, der mit dem Verlassen der Gruppe verbunden ist – zum Beispiel eine positive Verstärkung im Sinne des Psychologen B. F. Skinner. Bei beiden Wegen scheint es unvermeidlich zu sein, daß eine zentrale Autorität für die Koordination einer freiwilligen oder vorgeschriebenen Anstrengung sorgt, die Suboptimalität zu vermeiden oder ihr zu entfliehen.

Im ersten meiner Beispiele könnte die Bundesbank der Vereinigten Staaten oder eine vergleichbare Institution eine Senkung der Zinsen dadurch auslösen, daß sie die verfügbare Geldmenge vergrößert. Im zweiten Beispiel könnte eine Luftfahrtgesellschaft den ankommenden Passagieren numerierte Flugscheine aushändigen, die die Position in der Warteschlange festlegt. Im letzten Beispiel könnten Gesetze erlassen werden, die »schlechte« Samariter bestrafen oder, wirklichkeitsnäher, eine lokale Verwaltung könnte die Gründung von Nachbarschaftsüberwachungsaktionen fördern.

Jedem von uns, der zu einer Gesellschaft gehört, die sich in einer suboptimalen Talsohle befindet, ist die Herausforderung nahegelegt, Aktionen in Gang zu setzen, die ihre oder seine Gesellschaft in Bewegung setzen, in Richtung auf ihr optimales Gleichgewicht, wenn auch mit dem eventuellen Risiko persönlicher Verluste. Anhaltende wirtschaftliche Schwierigkeiten, wild wuchernde Kriminalität, hohe Arbeitslosenzahlen – alles Krisen, die eine Gesellschaft in Frage stellen können – sind vielleicht die engste Annäherung an einen Naturzustand, den die moderne Menschheit erfahren kann. In solchen Krisen wird jeder von uns vor eine vergleichbare Wahl gestellt wie unsere Vorfahren, bevor sie sich schließlich für das Zusammenhalten entschieden. Das Mehrpersonenspiel der Gesellschaft reduziert sich so auf das Zwei-Personen-Spiel, das in jedem von uns abläuft. Es ist ein altehrwürdiger und nicht besonders rationaler Wettstreit zwischen unseren sozialen und antisozialen Bestrebungen. Heute, wie in vergangenen Zeiten, gilt es, zwischen der Gesellschaft und dem Ruf der Wildnis zu wählen.

Topologie
Eine Dehnung von Vorstellungen

> Denn was ist die Gestalt oder was ist das Antlitz, als nur das Zeichen der Seele oder ihr Gefäß.
>
> (Nathaniel Cotton, Pleasure)

Obwohl wir erwarten können, daß der normale Alterungsprozeß unser äußeres Erscheinungsbild etwas verklären wird, können wir ebenso erwarten, daß er einiges an uns nicht verändern wird. Ich wurde an diesen Umstand während eines kürzlichen Treffens mit meinen College-Kommilitonen erinnert. Obwohl sie nun älter aussahen, konnte ich jeden an einer Eigenheit im Verhalten oder an einem Merkmal seiner Persönlichkeit wiedererkennen. Kurz nach meiner Ankunft sah ich die älter gewordenen Erscheinungsbilder praktisch nicht mehr – in gewissem Sinn war es so, als ob sich nichts geändert hätte.

Andere sind in ähnlicher Weise von der Entdeckung erfreut, daß inmitten der Veränderung die Beständigkeit existiert: In der Philosophie die Eleatiker; in der Religion die Buddhisten; in der Malerei die Kubisten; und in der Mathematik die Topologen. Tatsächlich ist das Konzept der Beständigkeit in der Veränderung in verschiedenen anderen Bereichen der Mathematik genauso fundamental. Es steht im Mittelpunkt der Gruppentheorien, die die Symmetrien untersuchen. Während der Jahre um 1870 wurde der Begriff der Beständigkeit in der Veränderung von dem Mathematiker Felix Klein dazu benutzt, die verschiedenen bekannten Arten der Geometrie einschließlich der Topologie einzuordnen.

Topologie ist die Geometrie, die sich mit den Eigenschaften von Dingen beschäftigt, die nicht durch Verbiegen, Dehnen und Verdrehen, den drei spezifischen Elementen einer topologischen Transformation, zerstört werden. Zum Beispiel werden drei beliebige Punkte auf dem Umfang eines Reifens ihre relative Position zueinander behalten, gleich wie stark der Reifen verbogen, gedehnt oder verdreht wird; der mittlere Punkt wird im Zentrum bleiben, und die äußeren behalten ihre seitliche Position zu ihm. Eine Eigenschaft wie diese wird eine topologische Invariante genannt, weil sie die Unbilden einer topologischen Transformation überlebt.

Mit der Konzentration auf die unveränderlichen qualitativen Eigenschaften von Dingen ergänzt die Topologie die vertrautere metrische Geometrie, die sich mit den genauen Messungen der Winkel, der Breite, Höhe usw. eines Objekts beschäftigt. Dies ist die Geometrie, die wir alle in der Schule gelernt haben und die ursprünglich von den alten Ägyptern vor mehr als zweitausendfünfhundert Jahren entwickelt worden war, um Land vermessen und Häuser bauen zu können; das Wort Geometrie selbst kommt aus den griechischen Wurzeln geo und metrein, die zusammen »Vermessung der Erde« bedeuten.

Für den metrischen Geometer, für den die Größe von Dingen wichtig ist, stellt ein sich vergrößernder Kreis eine Änderung dar. Für den Topologen, der sich um die topologischen Invarianten kümmert, stellt ein sich vergrößernder Kreis Konstanz dar. Der metrische Geometer lenkt unsere Aufmerksamkeit auf den sich vergrößernden Umfang des Kreises. Der Topologe jedoch ignoriert die oberflächlichen Änderungen in der Erscheinung des Kreises und hält fest, daß während des gesamten Vergrößerungsvorgangs der Kreis eine einfache geschlossene Kurve mit einem eindeutigen Inneren und Äußeren bleibt.

In einem gewissen Sinn untersucht der Topologe die »Seele« von Objekten, während der metrische Geometer die vorübergehenden Aspekte dieser Objekte untersucht. Die »Seele« eines Objektes ist die Ansammlung seiner topologisch invarianten Eigenschaften, weil sie, mehr als alles andere, die Essenz eines Objektes sind. Was ist ein Kreis zum Beispiel, wenn nicht eine geschlossene Kurve mit einem Inneren und Äußeren? Und was ist ein Berliner Pfannkuchen, wenn nicht eine geschlossene Oberfläche mit einer Höhle in dem umschlossenen Raum? Dadurch, daß die Topologie sich auf die Aspekte von Dingen konzentriert, die bestehen bleiben, auch wenn sich alles um sie herum verändert oder verändert werden kann, untersucht die Topologie die grundlegendsten Aspekte der geometrischen Existenz. Ohne Topologie wäre Geometrie genauso unvollständig wie Philosophie ohne Metaphysik.

Nach 1736, als der Schweizer Mathematiker Leonhard Euler ihren Gegenstand begründete, haben die Topologen sehr viel über die Beschaffenheit und die Beziehungen zwischen den Seelen geometrischer Objekte herausgefunden. Sie haben zum Beispiel gefunden, daß jedes Objekt seine Seele hat (das heißt, jedes Objekt ist durch eine Ansammlung von topologischen Invarianten gekennzeichnet) und daß häufig der einzige Weg, um zu erkennen, daß zwei sehr verschieden aussehende Objekte tatsächlich miteinander verwandt sind, in der Feststellung der Identität ihrer Seelen liegt. Aber vielleicht das wichtigste Ergebnis der Topologie ist die Identifikation von topologischen Invarianten. Mit der Kenntnis dieser Invarianten kennen die Topologen die wesentlichen Merkmale der geometrischen Existenz.

Drei der grundlegendsten Invarianten, die bis heute identifiziert wurden, sind die Dimension, die Zahl der Ränder und die Zahl der Seiten eines Objekts. Jede dieser Eigenschaften eines Objekts bleibt unverändert, auch wenn das Objekt verdreht, verbogen oder gedehnt wird.

Ein idealisierter Papierstreifen hat zwei Dimensionen (eine ideale Oberfläche hat keine Dicke), einen Rand und zwei Seiten. Diese Eigenschaften machen seine Seele aus, weil er immer zwei Dimensionen, einen Rand und zwei Seiten haben wird, wie immer wir auch den Streifen verunstalten mögen. Das gleiche gilt für die idealisierte Oberfläche eines Fußballs (zwei Dimensionen, kein Rand und zwei Seiten), für die idealisierte Oberfläche eines Zylinders (zwei Dimensionen, zwei Ränder und zwei Seiten) und für jedes andere vorstellbare Objekt.

In der topologischen Terminologie werden verwandte Seelen homöomorph genannt. Homöomorphe Räume sind Objekte, die durch die identischen topologischen Invarianten als topologisch äquivalent betrachtet werden. Ein leerer Fußball, so mißgestaltet er auch sein mag, ist einem voll aufgepumpten homöomorph, weil beide Oberflächen haben, die durch dieselben Invarianten gekennzeichnet sind. Tatsächlich sind alle Formen, die ein Fußball durch Verdrehen, Verbiegen, und Dehnen annehmen kann, homöomorph.

Das Konzept des Homöomorphismus hat zur Folge, daß die Geometrie von den Topologen ähnlich gesehen wird, wie die Maler die Realität wahrnehmen. Einige Künstler, die ein Objekt wahrnehmen, sehen gewöhnlich die verschiedenen Weisen, wie sie das Objekt darstellen könnten, und können dennoch sein wesentlichstes mitteilen. Monet muß in dieser Weise reagiert haben, als er sich entschied, die Kathedrale von Rouen zu den verschiedensten Tageszeiten zu malen. In ähnlicher Weise können Topologen, die ein Objekt wahrnehmen, all die verschiedenen homöomorphen Formen sehen, die das Objekt annehmen kann; dennoch bleibt es dasselbe Objekt.

Zusätzlich zur Vereinheitlichung der Dinge in der Geometrie dient die Vorstellung des Homöomorphismus dazu, sie zu kategorisieren. Zum Beispiel bilden die homöomorphen Varianten des Fußballs eine Kategorie von verwandten Seelen, die alle vorstellbaren Objekte mit zwei Dimensionen, ohne Rand und mit zwei Seiten einschließt. Diese und jede andere Kategorie ist so streng gefaßt, daß es für ein Objekt unmöglich ist, in ein anderes Objekt einer anderen Kategorie transformiert zu werden. Es ist unmöglich, weil die topologische Invariante, die Seele eines Objekts, niemals in die topologische Invariante des anderen Objekts verbogen, verdreht oder gedehnt werden kann. Topologische Kategorien sind, mit anderen Worten, streng gefaßt, gerade weil ein Objekt gemäß der Natur seiner Seele kategorisiert wird, und seine Seele kann durch topologische Transformationen nicht zerstört werden.

Unter nichttopologischen Transformationen dagegen sind Seelen weitgehend verwandelbar. Mit Klebstoff und Schere können wir das erreichen, was Verdrehen, Verbiegen und Dehnen nicht vermochten, nämlich die Veränderung von topologischen Invarianten eines Objekts in die eines anderen Objekts. Ein Papierstreifen, dessen Enden zusammengeklebt werden, wird zum Beispiel ein Zylinder. So haben wir mit ein wenig Klebstoff eine zweidimensionale, einrändrige und zweiseitige Seele in eine zweidimensionale, zweirändrige, zweiseitige Seele verwandelt.

Wenn wir ein Ende des Papierstreifens halb drehen, bevor wir kleben, können wir eine noch fremdartigere Seele erschaffen – die zweidimensionale, einrändrige und einseitige Seele eines Möbius-Streifens. Dies Objekt ist so ungewöhnlich, weil es nur eine Seite hat; die meisten vorstellbaren Flächen sind alle zweiseitig. Weil er nur eine Seite hat, könnte ein Möbius-Streifen vollständig bemalt werden, ohne daß der Maler einen Rand kreuzen würde.

Zusammengenommen beschreiben topologische Ergebnisse wie dieses in fast metaphysischer Weise ein komplexes, aber wohlgeordnetes geometrisches Reich, dessen Elemente so rational miteinander verbunden sind wie die lebenden Elemente der realen Welt. Wie wir gesehen haben, fanden Topologen heraus, daß ein Objekt, wie ein Lebewesen, eine Identität besitzt, die unabhängig von seiner Umwelt ist, eine Identität, die nicht durch oberflächliche Veränderungen in der Erscheinung des Objekts zerstört werden kann. Auch wenn es nur auf diese eine singuläre Entdeckung gegründet ist, folgt aus dem gesamten topologischen Wissen, daß der anscheinend chaotischen Vielfalt der geometrischen Welt eine genaue Ordnung zugrunde liegt.

Dies hat die Naturwissenschaft in der physikalischen Welt entdeckt, jedoch mit einem wichtigen Unterschied: Während sich die Naturwissenschaft mit den meisten Religionen immer noch nicht über die richtige Erklärung der beobachteten Ordnung im physikalischen Universum einig ist, wird die Ordnung des geometrischen Reiches als Resultat eines Schaffensvorgangs weniger in Frage gestellt. In diesem Fall wird nur gefragt, ob die Schöpfung unser Werk ist, oder ob sie durch unsere Untersuchungen in der Topologie aufgedeckt wurde.

In jedem Fall sind die topologischen Untersuchungen eine Hilfe nicht nur für das Verständnis des geometrischen Bereiches, sondern auch für den humanen Bereich, weil Topologen im Verständnis der Seele weiter vorangekommen sind als andere. Topologen können uns genau sagen, was es heißt, ein Papierstreifen oder ein Fußball zu sein; was es heißt, ein Mensch zu sein, davon wissen wir weit weniger.

Diese Verlegenheit ist nicht nur religiös begründet; sie sollte einen Atheisten genauso interessieren wie einen Christen. Was ist das Individuelle an uns, das einen lebenslangen Alterungsprozeß übersteht? Was ist das Kollektive an uns, das Millionen von Jahren zukünftiger evolutionärer Entwicklung übersteht – wenn wir uns tatsächlich entwickeln? Diese unbeantworteten Fragen haben mit den bedeutenderen Fragen nach unserer Einzigartigkeit und wie wir uns selbst in das Schema der Dinge einordnen, zu tun; sie haben ebenso mit der weniger wichtigen Frage zu tun, wie wir alte Freunde auf Klassentreffen wiedererkennen, ohne auf Namensschilder zurückgreifen zu müssen.

Eigenheiten und Persönlichkeit sind Eigenschaften und Wesenszüge, die sich, ähnlich den topologischen Invarianten, anscheinend nur wenig im Leben eines Menschen ändern. Aber ich frage mich, an welchen Zügen ich Menschen von anderen Tieren unterscheiden könnte, wenn ein Wiedersehen in Tausenden von Millionen Jahren stattfinden würde – eine Zeitperiode, die ausreichend lang sein müßte, um einige dramatische Änderungen im Erscheinungsbild erwarten zu können – wenn Darwin recht hat.

Heutzutage basieren die Kriterien, auf die wir uns am meisten in der Unterscheidung von Tierarten verlassen, auf dem Vergleich physiologischer Merkmale. Moderne Taxonomen beherrschen das Klassifizieren von Tieren ziemlich gut. Sie bestimmen das Verhältnis von Gehirn- zu Körpergewicht, den Skelettaufbau, die Bewegungsweise, die Zahl von Zehen und so fort. Wir sind nicht so gut ausgerüstet, um Arten anhand feinerer Kriterien zu definieren – den Gefühlen einer Art zum Beispiel. Die Gefühle eines Tieres sind für einen heutigen Taxonomen so relevant, wie die Anzahl von Rändern eines Objekts für den metrischen Geometer.

Ich vermute jedoch, daß an jenem hypothetischen Wiedersehen in Millionen von Jahren nur solche subtilen Kriterien mir helfen würden, meine evolutionäre Verwandtschaft zu erkennen. Meine topologische Ahnung sagt mir, daß unsere Schrullen und Marotten und nicht unsere äußere Erscheinung die relevanten evolutionären Invarianten sind – die Analogien der topologischen Invarianten. Sie machen das Menschliche aus, und sie werden es wahrscheinlich im Verlauf der evolutionären Änderung bleiben.

Katastrophentheorie
Die vertrauten Gesichter der Änderung

> Nicht wie das Chaos, zusammengedrückt und beschädigt, sondern wie die harmonisch verworrene Welt, wo wir die Ordnung in der Vielfalt sehen, und wo, obgleich alle Dinge sich unterscheiden, alle miteinander auskommen.
>
> (Alexander Pope)

Das einzig Gewisse in dieser Welt, so wird gesagt, ist die Änderung, und alles, was wir von der Naturwissenschaft erfahren können, bestätigt dies. Die Inhalte des Universums und das Universum selbst befinden sich in einem unabänderlichen Fluß der Änderung. Dinge, die unveränderlich scheinen, – Gebirge, die Atmosphäre, die Sonne – ändern sich tatsächlich fortwährend in beträchtlichen Ausmaßen; sie befinden sich in einem aktiven Gleichgewichtszustand. Sogar die Zellen unserer Körper werden bis auf die Nervenzellen vollständig (und unsichtbar) ungefähr alle sieben Jahre durch neue ersetzt.

Unsere Einstellung gegenüber der Änderung, insbesondere der plötzlichen Änderung, hat sich in den letzten Jahrzehnten geändert. In der Vergangenheit wurden Dinge, die plötzlich eintraten – wie der Unfalltod und Naturkatastrophen –, mit einem unergründlich handelnden, einem unberechenbaren Gott in Verbindung gebracht. Die Gesichter, die Muster von unvermittelten Änderungen waren für uns meistens rätselhaft und furchtauslösend. Während der Aufklärung im 17. Jahrhundert erkannte Isaac Newton, daß viele Beispiele der graduellen Änderung – das Bevölkerungswachstum zum Beispiel – vorhersagbaren Abläufen folgten, die mit wenigen mathematischen Zahlen beschrieben werden konnten. Aber damals, und noch Jahrzehnte danach, schienen sich jähe Änderungen einer solchen mathematischen Kategorisierung oder überhaupt einer befriedigenden rationalen Beschreibung zu entziehen.

Vor zwanzig Jahren konnte der französische Mathematiker René Thom plötzliche Änderungen oder Katastrophen, wie er sie nannte, erfolgreich kategorisieren. Er entdeckte, daß die meisten Katastrophen geordneten Mustern folgten, die qualitativ mit sieben mathematischen Begriffen beschrieben werden konnten. Obgleich seine Entdeckung nicht dazu beiträgt, die Ursprünge von plötzlichen Änderungen zu erklären, weist sie jedoch darauf hin, daß diese Änderungen nicht so irrational, so ungebändigt eintreten, wie es zuvor angenommen wurde.

Die Entdeckung weist auch darauf hin, daß unvermittelte Änderungen, die uns persönlich betreffen, wie Nervenzusammenbrüche und spontane Wutanfälle, dieselbe Qualität haben wie die in der gesamten kosmischen Landschaft. So verstanden, können wir durch Thoms Theorie wie niemals zuvor die Gesichter von katastrophenartigen Änderungen erkennen, die fortwährend die natürliche Welt verwandeln.

In einer dynamischen Welt wie der unseren benötigen Naturwissenschaftler unvermeidlich ein mathematisches Werkzeug, mit dem die Änderung untersucht werden kann. Hauptsächlich in Reaktion auf dieses wissenschaftliche Bedürfnis für eine quantitative Sprache der Änderung erfand Newton die Infinitesimalrechnung. Er entwarf sie, um Änderungen zu beschreiben, die in kleinen, kontinuierlichen Schritten ablaufen – graduelle Änderungen, mit anderen Worten –, und in dieser Weise benutzen Naturwissenschaftler sie, um Sachverhalte wie die Bewegung eines Planeten um die Sonne, das Wachstum einer Population oder die konstant zunehmende Geschwindigkeit eines fallenden Körpers zu berechnen.

Sie fanden im Verlauf der Anwendung der Infinitesimalrechnung auch heraus, und dies ist genauso bedeutsam, daß graduell sich ändernde Phänomene, die anscheinend nichts miteinander zu tun haben, tatsächlich, mathematisch gesehen, verwandt waren. Zum Beispiel ist die exponentiale Wachstumskurve, die den Wertzuwachs eines Sparkontos darstellt, dieselbe, die das Wachstum von Bakterien in einer Petrischale, die Zunahme der Zahl von Kettenbriefen oder das normale Wachstum einer Tierpopulation beschreibt.

Am auffälligsten hat die Infinitesimalrechnung es uns ermöglicht, alle vorstellbaren Bewegungen eines Objekts in einem Gravitationsfeld miteinander in Beziehung zu setzen und zu kategorisieren. Nach der Infinitesimalrechnung wird ein Objekt einer von drei archetypischen Flugbahnen folgen. Die Flugbahn hängt nur von der Geschwindigkeit ab, mit der das Objekt abgefeuert wird. Dabei spielen Eigenschaften des Objekts keine Rolle – weder seine Form, noch sein Gewicht, weder seine Dichte noch die chemische Zusammensetzung. Unabhängig davon, wie zwei Geschosse aussehen mögen, sie werden identischen Flugbahnen folgen, wenn sie mit derselben Geschwindigkeit abgeschossen wurden.

Wenn ein Geschoß mit einer Geschwindigkeit abgeschossen wird, die kleiner ist als die Umlaufgeschwindigkeit (die für das Gravitationsfeld der Erde ungefähr 27000 Kilometer in der Stunde beträgt), dann wird seine Bahn einer Parabel gleichen, dem sich langsam krümmenden Bogen eines Pfeils, einer Kugel oder eines Steins. Wenn dagegen das Objekt mit einer Geschwindigkeit zwischen der Umlaufgeschwindigkeit und der Fluchtgeschwindigkeit (die für das Gravitationsfeld der Erde ungefähr 40000 Kilometer in der Stunde beträgt) abgefeuert wird, wird seine Bahn immer ein Kreis oder eine Ellipse sein. Dies gilt für alle Planeten, die die Sonne umkreisen, und für alle Satelliten, die die Erde umkreisen. Wenn schließlich ein Objekt mit einer Geschwindigkeit abgeschossen wird, die gleich oder größer als die Fluchtgeschwindigkeit ist, dann gleicht seine Bahn einer Hyperbel, die wie eine Parabel mit einem stärker gekrümmten Bogen aussieht. Dieser Bahn sind die amerikanischen Astronauten zum Mond und die Raumsonden auf ihrer Reise zu anderen Planeten gefolgt. Die Entdeckung dieser Kategorien wurde damals als genauso revolutionär angesehen wie heute die Thomschen Kategorien der plötzlichen Änderung.

Trotz all ihrer Verdienste war die Infinitesimalrechnung nicht in der Lage, den Naturwissenschaftlern ein vergleichbares Werkzeug für die Beschreibung und Kategorisierung von unvermittelten Änderungen zur Verfügung zu stellen. Biologen wünschten sich ein solches Werkzeug. Ihre theoretischen Untersuchungen der Zellteilung, eines der wichtigsten, grundlegenden Phänomene in der Biologie, waren behindert, weil Zellen sich eher plötzlich als graduell teilen. Thom war sich anscheinend nicht nur dieses Problems der Biologie bewußt, er war, zum Teil jedenfalls, von diesem Problem motiviert, seine Katastrophentheorie zu entwickeln; einige seiner frühesten Erläuterungen der Theorie wurden 1968 als Teil einer Buchreihe mit dem Titel ›Toward a Theoretical Biology‹ veröffentlicht.

Die Katastrophentheorie ergänzt, naturwissenschaftlich und mathematisch gesehen, die Infinitesimalrechnung. Während die Infinitesimalrechnung eine quantitative Theorie der graduellen Änderung darstellt, ist die Katastrophentheorie eine größtenteils qualitative Theorie der plötzlichen Änderung. Insbesondere ist die Katastrophentheorie in der Sprache der Topologie formuliert, der qualitativen mathematischen Untersuchung von

Formen. Die Topologie ist selbst ein Zweig der Geometrie, der im 18. Jahrhundert von dem Schweizer Mathematiker Leonhard Euler begründet wurde, wie wir im vorhergehenden Kapitel gesehen haben.

Ein Schlüsselbegriff der Topologie, der im mathematischen Ansatz von Thom zu plötzlichen Änderungen auffällt, ist die Vorstellung von der topologischen Äquivalenz. Zwei Objekte sind dann topologisch äquivalent, wenn sie bestimmte wesentliche Eigenschaften gemeinsam haben, ungeachtet der anderen verschiedenen Eigenschaften. Zum Beispiel sind ein Berliner Pfannkuchen und eine Kaffeetasse topologisch äquivalent, weil sie jeweils ein Loch haben. Das Loch ist ein wesentliches Merkmal in dem Sinne, daß, wenn wir uns eine Verwandlung des Berliners in eine Tasse, oder umgekehrt, vorstellen, sich nahezu alles andere an dem Objekt verändert hat, ausgenommen das Loch; dies bleibt. Die topologische Äquivalenz wird immer auf der Grundlage von solchen unveränderlichen (qualitativen) Eigenschaften festgestellt, und nicht anhand von veränderlichen (quantitativen) Details wie der Größe des Berliners oder der spezifischen Form der Tasse. Aus diesem Grund ist es möglich und häufig der Fall, daß zwei sehr verschieden aussehende Gegenstände topologisch äquivalent sind.

Während Thom die Katastrophentheorie entwickelte, suchte er nach einem vergleichbaren Weg, mit dem Katastrophen qualitativ aufeinander bezogen werden konnten, auch solche, die, oberflächlich gesehen, so unterschiedlich erscheinen wie ein Berliner und eine Tasse. Aus diesem Grund suchte er eine Entsprechung zum Loch, nach einem wesentlichen Attribut von Katastrophen, das für die mathematische Beschreibung und Klassifizierung benutzt werden konnte.

Ein derartiges Merkmal, so entdeckte er, ist die Zahl von Faktoren, die den Ablauf einer Katastrophe steuern. Mit einem Steuerungsfaktor meinte Thom irgendein Element einer Situation, die einem jähen Änderungsvorgang unterliegt, das den Ablauf und die Richtung dieser Änderung beeinflussen kann. Zum Beispiel ist der wesentliche Faktor, der das Aufblasen (und letztendlich das katastrophenartige Platzen) eines Ballons steuert, der Luftdruck. Durch das Verringern oder Vergrößern dieses Faktors allein wird der Ablauf und die Richtung des sich verändernden Zustands des Ballons beeinflußt.

Diese einzelne Entdeckung – daß die Zahl von Steuerungsfaktoren ein so wesentliches Merkmal einer Katastrophe ist wie das

Loch eines Berliner Pfannkuchens – ist die Grundlage der Thomschen Definition der Äquivalenz von Katastrophen. Nach dieser Definition sind zwei oder mehr Fälle von plötzlichen Änderungen katastrophisch äquivalent, wenn das Verhalten dieser Fälle von derselben Zahl von Faktoren gesteuert wird; der platzende Ballon ist so jedem anderen sich plötzlich ändernden Phänomen äquivalent, dessen Verhalten durch einen Faktor bestimmter Beschaffenheit gesteuert wird. In ähnlicher Weise ordnet Thom andere Katastrophen nach zwei, drei oder mehr Faktoren, die das jeweilige Verhalten steuern.

Diese Definition, Thoms Analogie zur topologischen Äquivalenz, ist der Kernpunkt der Katastrophentheorie. Sie besagt allgemein, daß zwei Phänomene demselben Muster eines Änderungsvorgangs unterliegen, wenn sie von derselben Zahl von Faktoren gesteuert werden, auch wenn sie quantitativ und in anderen Einzelheiten nicht vergleichbar sind. Nach dieser Definition kann Thom qualitative Verwandtschaften zwischen augenscheinlich verschiedenen Katastrophen erkennen.

In gewissem Sinn entspricht die Thomsche Entdeckung, daß die wesentliche Eigenschaft einer Katastrophe die Zahl der Faktoren ist, die ihr Verhalten steuern, der Newtonschen Entdekkung, daß die wesentliche Eigenschaft einer Flugbahn in einem Gravitationsfeld die Abschußgeschwindigkeit ist. In beiden Bereichen sind alle anderen Eigenschaften einer sich ändernden Situation mathematisch irrelevant. Sie sind Masken, die Gesichter der Änderung verdecken, die in gewissem Sinn fundamental ähnlich sind.

Es gibt dagegen Unterschiede zwischen den Ergebnissen von Thom und Newton. Während drei Kategorien für das Gravitationsfeld ausreichen, sind nicht weniger als sieben für alle bekannteren Fälle von plötzlichen Änderungen in der natürlichen Welt erforderlich. Während die drei repräsentativen Flugbahnen in der realen Welt existieren und deshalb leicht vorstellbar sind, existieren die konkreten Repräsentationen der sieben archetypischen Katastrophen in einem abstrakten, mathematischen Raum und sind nicht so leicht zu beschreiben.

Am einfachsten kann man sie sich vergegenwärtigen, wenn man sich wie Thom vorstellt, daß das Erleben einer katastrophenartigen Änderung dem Erleiden eines steilen Falls während einer Wanderung auf einer gefährlichen geometrischen Oberfläche entspricht – das heißt, wenn wir steil fallen, wenn sich etwas plötzlich ändert, kommen wir an einem Ort an, der sich sehr von dem unterscheidet, an dem wir uns vor dem Fall befanden. Technisch bedeutet diese Analogie, daß die Mathematik der Katastrophentheorie teilweise der Mathematik geometrischer Flächen ähnlich ist, einem anerkannten Gegenstand, der den meisten Mathematikern vertraut ist.

Die Faktoren, die die Richtung und den Verlauf einer Katastrophe steuern, so kann man es sich vorstellen, steuern die Richtung und den Ablauf unserer Bewegungen auf der entsprechenden abstrakten Fläche. Aus diesem Grund wird die Fläche Steuerungs- oder Regelfläche genannt, und die Katastrophe ist vergleichbar dem Herunterfallen von einer Regelfläche und dem Landen auf einer anderen Fläche. Ebenso folgt hieraus, daß eine Regelfläche einer Katastrophe so viele Dimensionen hat, wie es Steuerungsfaktoren für die tatsächliche Katastrophe gibt: Jeder Faktor kontrolliert Bewegungen entlang einer einzelnen Dimension.

Wenn wir annehmen, daß die Gesichter der plötzlichen Änderung gefährlichen geometrischen Landschaften vergleichbar sind, dann hat Thom vor allen Dingen entdeckt, daß fast alle Landschaften, die wir in der Natur und in uns beobachten, nur sieben grundlegende und verschiedene Risiken enthalten. Dies sind die sieben vertrauten Gesichter der Änderung. Um sie sich besser vorstellen zu können, gab Thom ihnen Namen, die an ihre Formen erinnern. Aufsteigend, nach zunehmender Komplexität geordnet, sind die archetypischen Katastrophen die Klippe, der Höcker, der Schwalbenschwanz und der Schmetterling; es gibt dabei drei Varianten des Schwalbenschwanzes und zwei des Schmetterlings.

Die Klippenkatastrophe, die von einem einzigen Faktor gesteuert wird, hat von allen das einfachste Gesicht. Ihre Regelfläche ist, technisch gesehen, überhaupt keine Fläche; sie ist eine eindimensionale, horizontale Linie, die an einem Ende sich nach unten krümmt, und so die Kante einer vertikalen Klippe formt. Nach der Katastrophentheorie ist dies die abstrakte mathematische Visualisierung eines sich aufblähenden Ballons.

Eine Zunahme des Luftdrucks im Ballon entspricht graphisch einer Bewegung entlang der Linie in Richtung der Klippe, und eine Abnahme entspricht einer Bewegung in die andere Richtung. Wenn wir den Ballon weiter aufblasen, wird natürlich ein Punkt erreicht, an dem ein weiteres Luftmolekül ausreicht, um den ganzen Ballon platzen zu lassen. Dieser Punkt entspricht genau der Kante der Klippe, und das Platzen kommt dem Herunterfallen von der Kante gleich. In einer Klippenkatastrophe hat die Klippe üblicherweise keine untere Begrenzung, was bedeutet, daß es keinen Weg zurück gibt, wenn wir erst einmal über die Kante gegangen sind. In unserem Beispiel bedeutet dies, ist der Ballon erst einmal geplatzt, kann man dies nicht mehr rückgängig machen.

Der normale Alterungsprozeß wird auch durch eine Klippenkatastrophe dargestellt, die allein durch den Faktor Zeit gesteuert wird. Eine Bewegung von der Klippe weg entspricht dem Jüngerwerden, und eine Bewegung auf die Klippe zu entspricht der normalen Situation, dem Älterwerden. Im letzten Augenblick unseres Lebens stehen wir genau auf der Kante der Klippe; wenn wir sterben, stürzen wir von der Klippe. Nach der Katastrophentheorie folgt ein Leben dem mathematischen Muster eines sich aufblähenden Ballons, und das Sterben ist qualitativ einem platzenden Ballon in dem Sinn ähnlich, daß ein Leben nicht wiederbelebt werden kann, wenn es einmal zerstört worden ist.

Diese Unumkehrbarkeit gilt nicht für eine Höckerkatastrophe, die per definitionem ein Fall einer plötzlichen Änderung ist, die von zwei Faktoren gesteuert wird. Nach der Thomschen Theorie zeichnet sich eine Höckerkatastrophe dadurch aus, daß in ihr die katastrophenartige Änderung – teilweise oder vollständig – rückgängig gemacht werden kann.

Worauf er sich hier bezieht, kann leicht von dem mathematischen Gesicht einer Höckerkatastrophe abgelesen werden. Der zentrale Bereich ihrer zweidimensionalen Regelfläche wird durch einen Überhang beherrscht, dessen Schatten auf der Fläche unterhalb des Überhangs ungefähr einem Dreieck, wie einem Höcker, gleicht. Bemerkenswerterweise ist der Überhang so angeordnet, daß man nach einem Fall vom Überhang immer zur Kante zurückklettern kann (und sich während der ganzen Zeit auf der Regelfläche befindet).

Die Arbeitsweise jener kleinen metallischen Geräuschmacher, der »Knackfrösche«, ist eine Höckerkatastrophe, weil das Verhalten des Knackfrosches von zwei Faktoren gesteuert wird – in diesem Fall dem Fingerdruck und der Elastizität seiner Metallzunge. Graphisch entspricht die entspannte Zunge des Frosches einem Platz auf dem Höcker, der noch weit von der Kante entfernt liegt. Das Drücken der Zunge mit zunehmendem Druck entspricht einer Annäherung an die Kante. An einem Punkt ist der Druck so groß, daß sich die Zunge mit einem

Klickgeräusch umbiegt; damit ist dann der Fall über die Kante des Überhangs auf die Regelfläche darunter eingetreten. Die Zunge bleibt dort so lange, wie wir sie in der umgebogenen Haltung festhalten. Mit dem Freigeben der Zunge begibt sich der Frosch, graphisch gesehen, zurück zum Überhang.

Von den sieben Katastrophen ist der Höcker derjenige, dessen Gesicht, dessen mathematisches Muster der Änderung wir in der Welt am häufigsten sehen. Die Katastrophentheorie wurde nicht entwickelt, um diesen Umstand möglicherweise zu erklären, aber jede Erklärung muß dieses Überwiegen von Gegensätzen in der Wirklichkeit und die Episoden von umkehrbaren plötzlichen Änderungen, die diese Gegensätze miteinander verbinden, berücksichtigen.

Wir erkennen zum Beispiel Höckerkatastrophen in einigen Verläufen des Wachens und Schlafens. Normalerweise schlafen wir allmählich, in Stufen ein, aber manchmal ist der Übergang unvermittelt, so wie nach intensiver Arbeit. In einem solchen Fall können wir die Katastrophe immer rückgängig machen – und aufwachen –, dies ist das Kennzeichen einer Höckerkatastrophe.

Die Höckerkatastrophe ist ebenso ein vertrautes Gesicht im launischen Verhalten eines Manisch-Depressiven, in den krampfartigen Episoden von Krieg und Frieden zwischen unversöhnlich feindlichen Nationen und in den sprunghaften Höhen und Tiefen der Börsenkurse. Ähnlich wie der Knackfrosch schließt jedes dieser Beispiele zu Höckerkatastrophen einen plötzlichen Umschwung von einem Extrem zum anderen ein, gefolgt von einer möglichen Rückkehr zum ursprünglichen Extrem. Aus diesem Grund können diese Phänomene, so wenig sie oberflächlich miteinander zu tun haben mögen, in Bildern derselben katastrophenartigen Landschaft dargestellt werden. Mit der Katastrophentheorie sind wir in der Lage, weniger Unterschiede in der Welt wahrzunehmen, als wir es ohne sie könnten.

Die fünf verbleibenden Katastrophen können weder so breit angewendet werden wie die Höckerkatastrophe noch können ihre Regelflächen leicht sichtbar gemacht werden. Das Problem mit der Visualisierung dieser Flächen liegt darin, daß sie alle mehr als zweidimensional sind, um damit die größere Zahl von Steuerungsfaktoren zu erfassen, und so sind sie dem, was wir normalerweise unter einer Fläche verstehen, überhaupt nicht ähnlich. Alles, was wir uns vorstellen können, sind die zweidimensionalen Schatten, die sie werfen; tatsächlich haben sie ihre Namen von den vorgestellten 2-D-Silhouetten erhalten (um zu verdeutlichen, daß die Bilder nur eine Sache der Vorstellung sind, pflegte Thom darauf hinzuweisen, daß die Schwalbenschwanzkatastrophe von einem blinden Kollegen, dem französischen Mathematiker Bernard Morin, so bezeichnet worden war).

Von den Schmetterlings- und Schwalbenschwanzkatastrophen finden wir das Gesicht der ersteren häufiger in der Natur. Mathematisch hebt sich die Regelfläche einer Schmetterlingskatastrophe (oder genauer ihre 2-D-Silhouette) nicht durch einen, sondern durch zwei zentral angeordnete Überhänge hervor. Sie sind zueinander hierarchisch angeordnet, so daß es möglich ist, vom obersten Überhang auf den mittleren oder auf die Fläche unter beiden herunterzufallen. In jedem Fall ist es wie mit der Höckerlandschaft möglich, zum obersten Überhang zurückzuklettern.

In den meisten Beispielen von Schmetterlingskatastrophen stellt der mittlere Überhang einen Kompromiß dar zwischen dem, was durch die obere und die untere Fläche repräsentiert wird. Zum Beispiel haben zwei feindliche Nationen, die sich qualitativ wie eine Schmetterlingskatastrophe verhalten, die Möglichkeit zu verhandeln, anstatt direkt vom Friedens- in den Kriegszustand einzutreten.

Eines der wenigen Beispiele von Schmetterlingskatastrophen, in dem der mittlere Überhang etwas Ungewöhnlicheres darstellt als einen Kompromiß, betrifft das Leiden von meist jungen Frauen, das als »Anorexia nervosa« (Magersucht) bekannt ist. Unbehandelte Magersüchtige verhalten sich wie Höckerkatastrophen, und springen zwischen Episoden des Fastens und übermäßigen Essens hin und her. Kürzlich hat jedoch der britische Mathematiker E. C. Zeeman überlegt, daß das Phänomen der Anorexia nervosa von einer Höcker- in eine Schmetterlingskatastrophe transformiert werden kann, wenn die Katastrophentheorie hier zutrifft, indem ein zusätzlicher Steuerungsfaktor eingeführt wird.

Zeeman arbeitet mit einem britischen Psychotherapeuten zusammen, der eine Therapie für Magersüchtige auf der Grundlage dieser Hypothese vorschlug. In dieser Therapie wird die Patientin in einen Trancezustand versetzt. Das Versetzen in einen Trancezustand ist eine plötzliche Änderung, die dem Springen von entweder dem niedrigeren Niveau (Fasten) oder vom obersten Niveau (übermäßiges Essen) zum mittleren Niveau der Schmetterlingskatastrophe entspricht. Auf diesem mittleren Niveau scheinen die Magersüchtigen einer psychotherapeutischen Behandlung am ehesten zugänglich zu sein. »Wenn die Patientin fastet«, erklärte Zeeman, »nimmt sie die äußere Welt angstvoll wahr, und wenn sie übermäßig Essen zu sich nimmt, wird sie von dieser Welt überwältigt«. »Jedoch während des Trancezustands«, sagte er, »ist die Patientin isoliert, ihr Verstand ist frei von beidem, vom Essen und von Versuchen, das Essen zu meiden.«

Obwohl Beispiele wie diese die wissenschaftlichen Möglichkeiten der Katastrophentheorie verdeutlichen, wird gegenwärtig von Naturwissenschaftlern und Mathematikern diskutiert, wie brauchbar sie auf längere Zeit gesehen, für die Wissenschaft sein könnte. Die Pessimisten argumentieren allgemein, daß die wissenschaftliche Brauchbarkeit der Theorie auf die qualitative Natur ihrer grundlegenden Idee, die Katastrophen-Äquivalenz, beschränkt bleiben wird. Wie wir gesehen haben, wird angenommen, daß Katastrophen, die von derselben Zahl von Faktoren gesteuert werden, äquivalent sind, ungeachtet ihrer Verschiedenheiten im einzelnen. Diejenigen Mathematiker, die den wissenschaftlichen Wert der Theorie skeptisch einschätzen, weisen darauf hin, daß es gerade die Einzelheiten sind, die von der Theorie ignoriert werden, für die sich die Naturwissenschaft interessiert.

Im Fall der Anorexia nervosa zum Beispiel möchten Wissenschaftler über die qualitativen Beobachtungen hinaus, daß die Krankheit einem archetypischen Muster folgt und dieses Muster in ein anderes geändert werden kann, zweifellos mehr herausfinden; an einem bestimmten Punkt wollen sie auch die detaillierten Variationen des archetypischen Musters identifizieren, in der Hoffnung, spezifische Züge von Personen zu entdecken, die diese Person mehr oder weniger anfällig für die Magersucht machen.

Wie zutreffend eine solche Argumentation auch sein mag, der qualitative Charakter der Thomschen Theorie ist eine willkommene Ergänzung der Mathematik und auch der Art und Weise, wie wir Dinge durch die Brille unserer Kultur und unserer Geschichte sehen. Einerseits bereichert die Theorie die Sprache der Mathematik in der Weise, daß wir nun Sachverhalte über plötzliche Änderungen ausdrücken können, die wir bis dahin nicht ausdrücken konnten. Zusätzlich bilden die Thomsche

Theorie und ihr qualitatives Fundament erfrischende Kontrapunkte zur lange unbestrittenen Herrschaft der Reduktionisten mit ihrer detaillierten, quantitativen Analyse. Der deutsche Physiker Bernhard Bavink hat einmal gesagt, daß es eine seltene Gelegenheit ist, die Mathematik einzusetzen, »um den Begriff der meß- und zählbaren Größe an die zweite Stelle zu setzen und die fundamentalen biologischen Begriffe der Form oder der Gestalt an die erste Stelle«.

Soweit sie wissenschaftlich brauchbar ist, bestätigt die Thomsche Theorie die zweifache Vorstellung der Vitalisten, daß das Ganze mehr ist als die Summe seiner Teile und daß die Betrachtung des Ganzen häufig aufschlußreicher ist als die genaue Prüfung seiner Teile. Zur Verteidigung dieser Vorstellungen hält Thom den Biologen und Physikern in seinem Buch ›Structural Stability and Morphogenesis‹ einen relativ ausführlichen Vortrag über die Gefahren, eine Sache aus zu großer Nähe zu betrachten. Er stellte den verbreiteten reduktionistischen Glauben in Frage, »daß die Wechselwirkung von einer kleinen Zahl von Elementarteilchen alle makroskopischen Erscheinungen einschließt. Tatsächlich sind die Ereignisse um so komplizierter, je feiner die Untersuchung angesetzt wird, und führen schließlich zu einer neuen, zu erklärenden Welt, in der man die relevanten Faktoren für makroskopische Ordnungen nicht mehr isolieren kann.«

Mit der Katastrophentheorie können wir zumindest erkennen, daß in der Katalogisierung von Änderungen eine gewisse Ordnung in den vielfältigen Änderungen zu beobachten ist, die fortwährend das Universum und seinen Inhalt verwandeln. Vor drei Jahrhunderten fand Newton heraus, daß ein rundes, goldenes Objekt sich im Flug genauso verhält wie ein eckiges, silbernes Objekt; der einzige Faktor, der die Flugbahn von beiden durch ein Gravitationsfeld festlegt, ist die Abschußgeschwindigkeit. Thom fand in ähnlicher Weise heraus, daß die plötzliche Änderung, die eine Mutter erlebt, wenn sie durch das Weinen ihres Kindes geweckt wird, demselben mathematischen Muster bei allen Müttern folgt, gleich welcher Nationalität oder Rasse sie angehören mögen.

In Newtons Fall erklärt die Gegenwart eines Gravitationsfelds, daß alle Arten von graduellen Bewegungen in eine von nur drei Kategorien fallen. Thom diskutiert die mögliche Existenz eines »champ vital« (Lebensfeld), um die Tatsache zu erklären, daß plötzliche Änderungen sich auch auf wenige Kategorien zurückführen lassen. Er spekuliert tatsächlich, daß das »champ vital« einem »Gravitationsfeld oder einem elektro-magnetischen Feld« vergleichbar ist, in dem alle »Lebewesen Teilchen ... in diesem Feld sein würden«.

Vorsichtigere Spekulationen lassen uns in der Thomschen Theorie eine eloquente mathematische Formulierung der Begründung unseres Mitgefühls für die natürliche Welt sehen. Allein durch die Katalogisierung von ungleichen Phänomenen erscheinen uns diese weniger geheimnisvoll und vertrauter zu sein. Ich frage mich, ob die Evidenz für die Existenz der sieben Katastrophen von Thom hier auf der Erde auch außerhalb unseres Sonnensystems in anderen Welten, die vielleicht auch von Lebewesen bewohnt werden, gilt. Wenn die Mathematik die universelle Sprache ist, was viele von uns glauben, dann sollten plötzliche Änderungen, die irgendwo stattfinden, die vertrauten Gesichter wie hier auf der Erde zeigen, obwohl einige seltsame Zusammenstellungen durchaus existieren könnten ... Stellen Sie sich eine Welt vor, in der Luftballons klicken und Knackfrösche platzen.

Kombinatorik
Von Krieg und Frieden

> Die Probleme der Welt werden auf keinen Fall von Skeptikern und Zynikern gelöst, deren Horizonte sich an den offenkundigen Realitäten orientieren. Wir brauchen Männer, die sich Dinge vorstellen können, von denen heute noch niemand etwas weiß.
>
> (John F. Kennedy)

Der Komiker George Carlin schlug einmal einen einfachen Weg vor, um den Frieden in der Welt zu fördern: Jedermann sollte allen anderen die Hände schütteln und sich allen anderen vorstellen. Dies ist ein fesselnder Gedanke, jedoch leider eine reine Phantasievorstellung – wenn jeder von uns dem Ratschlag Carlins folgen würde und in jeder Sekunde eine andere Hand schüttelte, würde es ungefähr hundert Jahre dauern, bis diese Aufgabe gelöst wäre.

Carlins nicht ganz ernst gemeinter Vorschlag weist aber auf eine nüchterne Wahrheit der menschlichen Existenz hin: Viele unserer kostbarsten Phantasievorstellungen werden durch die Realität unserer Grenzen eingeschränkt und besonders durch unsere Unfähigkeit, mit großen Mengen umzugehen. Zum Beispiel ist in unserer Welt von vier Milliarden Menschen, in der ein Krieg zwischen zwei oder mehr Personen jederzeit ausbrechen kann, ein Potential für über hundert Milliarden Milliarden Milliarden verschiedener Konflikte vorhanden. Mit so vielen möglichen Kombinationen, den Frieden zu brechen, können wir nicht erwarten, von der Feindseligkeit befreit zu sein, auch wenn jeder von uns für eine bestimmte Zeit als Friedensstifter tätig ist.

Auch in der Welt der Mathematik gibt es Probleme, in denen eine große Anzahl miteinander zu kombinierender Elemente unsere Mittel, sie zu lösen, bei weitem übersteigt. Stellvertretend für diese Probleme ist das altbekannte Problem der Handelsvertreter; in welcher Reihenfolge ordnet ein Vertreter die Städte, die er besuchen soll, um dabei die kleinstmögliche Strekke zurückzulegen. Die Antwort ist einfach, wenn nur einige wenige Städte zu besuchen sind, aber für eine große Zahl von

Städten, sagen wir fünfzig, sind es mehr als zehntausend Millionen Millionen unterschiedliche Reiserouten, aus denen man auswählen muß.

Probleme in der Mathematik, die sich mit der Analyse der Kombinationsmöglichkeiten von Dingen beschäftigen, machen den Gegenstand der Kombinatorik aus. Die Analyse besteht gewöhnlich aus dem Bestimmen aller möglichen Kombinationen, um die eine perfekte Kombination herauszufinden, die das Problem löst.

Viele solcher Probleme befassen sich mit einer überschaubaren Zahl von insgesamt möglichen Kombinationen, so daß eine Lösung schnell gefunden werden kann. Dies gilt für Probleme des Sortierens aller möglichen Weisen, in dem ein Paar Strümpfe aus einem Dutzend Strümpfe ausgewählt werden kann (sechsundsechzig mögliche Lösungen), für das Bilden von Brüchen aus den ersten zehn Zahlen (fünfundvierzig) oder für das Gruppieren eines Dutzend von Gästen an drei getrennten Tischen (zweihundertzwanzig).

Bei einigen Problemen ist jedoch die Zahl von Kombinationen so astronomisch hoch – höher als die gesamte Zahl von Sternen im Universum –, daß man sie nicht einmal mit dem schnellsten Computer der Welt in einer vertretbaren Zeit bestimmen kann. Dies gilt auch für das Vertreterproblem, fünfzig Städte zu besuchen. Die Zahl von Kombinationen ist in solchen Problemen so entmutigend hoch, daß die ursprüngliche Vorstellung der Mathematiker, sie bestimmen zu können, darauf beschränkt werden mußte, nur annähernde Lösungen zu finden.

In der Kombinatorik wird gewöhnlich ein Problem hinsichtlich des Grades seiner Größe danach kategorisiert, wieviel Rechenzeit ein Computer benötigt, um alle möglichen Kombinationen herauszufinden (die Zahl der Elemente wird als Umfang des Problems bezeichnet, und im Fall des Handelsvertreters bezieht es sich auf die Zahl von Städten auf der Reiseroute). Drei Grade von Größe werden unterschieden: In aufsteigender Reihenfolge werden sie arithmetische, polynomiale und nichtpolynomiale genannt.

Bei einem arithmetischen Problem wächst die benötigte Rechenzeit, um alle möglichen Kombinationen zu berechnen, einfach proportional zum Umfang des Problems. Dies gilt für die Partnervermittlung durch Computer, in der aus einer bestimmten Zahl von möglichen Partnern der herausgesucht wird, der am besten zu einem bestimmten Klienten paßt. Wenn wir die Zahl von Kandidaten verdoppeln oder verdreifachen – das heißt den Umfang des Problems –, verdoppeln oder verdreifachen wir die erforderliche Rechenzeit.

Bei polynomialen Problemen wächst die benötigte Rechenzeit schneller, quadratisch, kubisch und so fort, zum Umfang des Problems. Darin sind Probleme eingeschlossen, wie das Bestimmen der Zahl von möglichen Autokennzeichen, die aus drei Buchstaben und drei Ziffern, wenn sechsundzwanzig Buchstaben und zehn Ziffern, null bis neun, verwendet werden, gebildet werden können (Antwort: 17575000). Ein Verdoppeln oder Verdreifachen der auszuwählenden Buchstaben und Ziffern vergrößert die Zahl der möglichen Kombinationen um das Achtfache oder Siebenundzwanzigfache (das heißt zwei mit drei oder drei mit drei potenziert), und die erforderliche Rechenzeit nimmt entsprechend zu.

Bei einem nichtpolynomialen oder NP-Problem nimmt die benötigte Rechenzeit exponential mit dem Umfang des Problems zu, und sie folgt dabei demselben Muster des schnellen Wachstums einer zunehmenden Population von sich fortpflanzenden Individuen. Ein großer Teil dieser Klasse umfaßt Fahrplanprobleme, in denen die Aufgabe gestellt ist, den Fahrplan herauszufinden, der der gewünschten Lösung entspricht; darin ist auch das Handelsvertreterproblem und das verwandte Problem der Routenbestimmung im Flugverkehr eingeschlossen.

Fluggesellschaften möchten ihre Flüge so planen, daß die Kosten möglichst gering gehalten werden und das Angebot an angeflogenen Orten so groß wie möglich ist. Das Problem kann dabei schnell aus der Hand gleiten. Im Fall einer amerikanischen Fluggesellschaft, People's Express, bedeutete die Änderung von einem halben Dutzend angeflogener Städte auf ungefähr zwei Dutzend Städte, daß die Zahl möglicher Flugrouten von ungefähr 32 auf 1048576 wuchs. Diese 32768fache Zunahme möglicher Kombinationen entspricht einer nur vierfachen Zunahme des Umfangs des Problems. Bei einer solchen Komplexität ist es kein Wunder, daß bei einer typischen Fluggesellschaft ein Stab von dreißig Angestellten und zwei Computer zwei Jahre arbeiten müssen, um einen kompletten Flugplan zu erstellen.

Von den drei Klassen kombinatorischer Probleme wachsen das arithmetische und das polynomiale langsam genug mit dem Umfang des Problems, so daß Mathematiker diese Probleme gewöhnlich mit Computern bewältigen können. Einige der kleineren NP-Probleme sind ebenfalls überschaubar. Aber sogar mit den heute verfügbaren superschnellen Computern wären ungefähr dreißigtausend Jahre erforderlich, um alle möglichen Kombinationen einer einzelnen NP-Klasse vom Umfang des Handelsvertreterproblems, fünfzig Städte zu bereisen, zu berechnen. In der überschaubaren Zukunft wird kein Computer NP-Probleme von großem Umfang lösen können.

Diese Einsicht, die erst nach und nach in den letzten Jahrzehnten verstanden wurde, steht in starkem Gegensatz zum Optimismus, den die Mathematiker entwickelten, als die ersten digitalen Computer um 1950 herum verfügbar waren. Mit den UNIVACs entstand der Glaube, daß die Phantasievorstellung, NP-Probleme großen Umfangs lösen zu können, wenn nur bald leistungsfähige Computer gebaut würden, bald Realität werden könnte. Mit den Jahren wurden die Computer leistungsfähiger, aber, wie schon oben festgestellt, es wurde deutlich, daß sie noch nicht leistungsfähig genug waren, um NP-Probleme großen Umfangs zu lösen und daß sie es auch in absehbarer Zeit nicht sein würden.

Jedoch gaben die Mathematiker damit nicht vollständig die Vorstellung auf, große NP-Probleme zu lösen; sie wandten sich einem etwas weniger anspruchsvollen Ziel zu. In den letzten zwanzig Jahren haben sie ihre Aufmerksamkeit auf Näherungslösungen konzentriert und Techniken verwendet, die nicht das Finden aller möglichen Kombinationen in einem großen NP-Problem erfordern.

Diese Optimierungstechniken, wie sie genannt werden, hängen in erster Linie davon ab, ob der Mathematiker ein Kriterium festlegen kann, das die gesuchte Lösung erfüllen soll. Er formuliert dann eine Arbeitslösung, die diesen Kriterien genügt, ähnlich wie ein Lehrer, der einen Lehrplan aufstellt, der einige zuvor festgelegte pädagogische Kriterien erfüllt. Eine solche Lösung wird optimal genannt, weil sie den festgelegten Kriterien genügt, jedoch im Gegensatz zur tatsächlichen Lösung ist sie weder vollkommen noch einmalig. Der einfache Grund für diesen Sachverhalt liegt darin, daß die Kriterien, von denen die optimale Lösung abgeleitet wurde, weder das eine noch das andere sind. In Wirklichkeit sind sie üblicherweise kaum mehr als begründete Vermutungen.

Eine Lösung für das Problem des Handlungsvertreters bezieht sich auf die einfache Regel, daß der Handelsvertreter von der Stadt, wo er sich gerade aufhält, zur am nächsten gelegenen Stadt weiterreisen sollte. Dieses Kriterium wird das Kriterium der nächsten, noch nicht besuchten Stadt genannt und basiert offensichtlich auf dem gesunden Menschenverstand.

Obwohl diese verständliche Lösung uns nicht die tatsächliche Lösung liefert, kommt sie ihr mit 88prozentiger Genauigkeit nahe – das heißt mit dieser Genauigkeit führt sie zur kürzesten möglichen Reiseroute. Mathematiker sind zu dieser Einschätzung gelangt, indem sie die optimale Lösung mit tatsächlichen Lösungen für Handelsvertreterprobleme verglichen, die klein genug waren, um sie lösen zu können. Die vertretbare Annahme hierbei besagt, daß dieser Vergleich repräsentativ für den Fehler ist, den man bei optimalen Lösungen von Problemen größeren Umfangs zu erwarten hat.

Die Auswechselbarkeit von Optimierungskriterien wird besonders in den Versuchen der Fluggesellschaften deutlich, mit ihren NP-Problemen fertigzuwerden. Gegenwärtig setzen sie verschiedene Kombinationen von vier grundlegenden Optimierungssituationen ein, die Skip-Stop-Planen, örtliches Planen, Nonstop-Planen und Querverbindungsplanen genannt werden. Alle sind in gewissem Grade einfach vom gesunden Menschenverstand hergeleitet.

Im Skip-Stop-Plan fliegt eine Gesellschaft direkt von einer Stadt zur nächsten entlang einer festgelegten Flugroute. Damit werden mittlere Distanzen effizient versorgt. Im örtlichen Plan fliegt eine Gesellschaft von Ort zu Ort entlang eines bestimmten Ausschnitts einer Route und versorgt so kurze Distanzen ganz ausgezeichnet. Im Nonstop-Plan fliegt eine Gesellschaft direkt zu weit entfernten Orten und bietet so einen schnellen Dienst auf langen Strecken. Und schließlich bietet eine Fluggesellschaft im Querverbindungsplan den Fluggästen mehr Verbindungsmöglichkeiten, indem sie Flüge an bestimmten Übergangspunkten enden läßt, wie zum Beispiel Frankfurt in der Bundesrepublik Deutschland. Hierin steckt die Überlegung, daß keine Fluggesellschaft Nonstopverbindungen zwischen allen möglichen Orten anbieten kann. Wenn jemand zum Beispiel von Hannover nach Glasgow fliegt, wird er an einem oder mehreren Knotenpunkten das Flugzeug wechseln müssen.

Obwohl die Realität, Kombinationen von großem Umfang nicht berechnen zu können, die meisten Mathematiker genötigt hat, ihre Anstrengungen auf die Formulierung von optimalen Lösungen zu konzentrieren, hat eine kürzlich in der Kombinatorik gemachte Entdeckung bei einigen Mathematikern die alten Phantasien wieder neu belebt. Im Jahre 1971 entdeckte der amerikanische Mathematiker Richard Karp, daß es eine Unterkategorie von NP-Problemen gibt, die in einem bestimmten Sinn Archetypen für die gesamte Klasse der NP-Probleme sind. Karp nannte sie die NP-vollständigen Probleme. Wenn Mathematiker, so lautete Karps Schlußfolgerung, jemals ein NP-vollständiges Problem lösen können, dann verfügen sie über die technischen Mittel, alle NP-Probleme zu lösen. Zu diesen prototypischen Problemen gehört auch das Handelsvertreterproblem.

Die Entdeckung von Karp hat nicht und hat wieder doch die Mathematiker näher an die Lösung von großen NP-Problemen herangeführt. Das heißt, sie hat nicht unsere Unfähigkeit, großzahlige Kombinationen zu bestimmen, verbessert, aber sie hat die Bemühungen der Mathematiker merklich konzentriert und sie so einer möglicherweise erfolgreichen Lösung etwas nähergebracht.

Gleichzeitig wird die Ausrichtung der heutigen Kombinatorik weiterhin genauso durch die menschliche Natur wie durch irgend etwas anderes beeinflußt. Bei der Suche nach optimalen Lösungen, wo wirkliche Lösungen nicht zu haben sind, verhalten sich Mathematiker wie Menschen, die einen vorläufigen Frieden suchen, weil ein endgültiger Frieden nicht zu erreichen ist, auch wenn sie sich fortwährend das Ende aller Konflikte vorstellen mögen. Der Vergleich geht noch einen bedeutsamen Schritt weiter. Die Mathematiker haben die gleiche Chance, das Handelsvertreterproblem mit fünfzig Städten zu lösen, so scheint es, wie wir die Chance haben, einen weltweiten Frieden durchzusetzen. Und dennoch, die menschliche Natur ist so beschaffen, daß Karps Ergebnisse in der Kombinatorik und George Carlins Vorschlag für unsere reale Welt in uns dieselbe Hoffnung wecken können. Es ist die Hoffnung, daß sich nach der Lösung nur eines Schlüsselproblems der großen Zahlen, sei es das Problem des Handelsvertreters oder der Sumpf menschlicher Konflikte, alle Probleme, die hiermit verbunden sind, anschließend auflösen.